從商朝來商

透視商賈文化三千年

傅奕群──著

序言

「天下熙熙，皆為利來；天下攘攘，皆為利往。」西漢史學家司馬遷把天下之熙熙攘攘、東奔西忙，歸結為皆為「利來」、「利往」。無論身分高低貴賤，無論身處城市山澤，為了解決衣、食、住、行等問題，人們得精心籌謀、煞費苦心，辛勤勞動。而商業活動，就是辛勤勞動的一種。

中國古代的商業活動有悠久的歷史。《易經．繫辭下》記載：「神農氏作……日中為市，致天下之民，聚天下之貨，交易而退，各得其所。」也就是說，上古的炎帝時代就開闢了集市。商朝，商人做為一個社會群體，首次出現在中國歷史中。也可以說，中國人骨子裡經商的天分和基因，從殷商時代就被激發了出來。到了春秋戰國時期，商業發展達到一個新高度，被學界認為是中國商業史上第一次飛躍。此時工商食官制度走向崩潰，具有自由身分、獨立經營的私商隊伍不斷擴大，湧現了不少富商巨賈和商人政治家，如輔佐周武王滅商建周的姜子牙；協助齊桓公成為春秋五霸之首的管仲；輔助勾踐滅吳的道商鼻祖范蠡；商業理論名垂後世的白圭；「奇貨可居」、權傾天下的呂不韋等，可謂群星璀璨。到唐宋元時期，商業更加繁榮，詩歌、小說和戲曲作品中都有許多關於商人的故事，比如白手起家的唐代商人竇乂，從種樹開始，最後建立了旅館品牌「竇家店」，成為一代富商。

明清時期，商業獲得空前發展，商業資本的積累也空前巨大。各地商人自發性地組成了商幫。

商幫是一方經濟勢力的代表，以地域為中心，以血緣、鄉誼為紐帶，以相親互助為宗旨，既親密又鬆散。明清時期的十大著名商幫，又以晉商、徽商的勢力最大。十大商幫之首的晉商，稱雄中國商界五百年之久，成就了諸多富商巨賈、商界精英；徽商始於南宋，歷史同樣十分悠久，稱雄三百年。明清商幫在中國商業史上占據了重要地位，大大豐富了中國傳統商業文化。

中國商人自古以來就重視仁義道德。在儒家思想統治下的古代社會裡，傳統商人也構建起了一套以儒家思想為指導原則的經商道德體系，信奉勤、儉、信、義等傳統倫理，以仁愛為本，誠實守信，廉潔自律，以傳統文化做為精神家園，形成了可貴的儒商精神，是後世值得珍視的文化遺產。

撫今追昔，鑑古今而知未來。中國大陸的改革開放使得中國商人在沉寂了百年之後再度崛起。今日之中國商人傳承了儒商基因，但比起傳統的商人，又更具開拓性、創新性，更具全球的眼光和謀略。可以說，正是一代一代企業家和商人的艱苦奮鬥，成就了中國商業的崛起與輝煌。

目次

第一章 源與流——商人百態

商從商朝來

說起「商」，人們大約會聯想到兩個概念，一是上古之「商朝」，一是「商業」、「商人」。這兩個看似風馬牛不相及的概念，實際上卻有著千絲萬縷的關係。

「商」字的起源比較古老。在出土的甲骨文資料中，「商」字的上半部為刻齒形，下半部為底座形，整個字形如漏斗，用來表示時間。因此，「商」字被用在表示時間的星宿「商星」（又稱辰星）的命名中。在進行地理分野時，商星星宿大致對應下的區域被稱為「商」。《左傳．昭西元年》寫道：「遷閼伯於商丘，主辰。商人是因，故辰為商星。」閼伯就是契。《詩經．商頌．玄鳥》中說「天命玄鳥，降而生商」，講的是一個古老的傳說——帝嚳的次妃簡狄是有娀氏之女，她外出洗澡時看到一枚鳥蛋，吞下蛋後，生下了契。帝嚳將兒子契封於商丘。契在這片土地上繁衍生息，成為商人的始祖。

商部落在夏代就以善於交換出名。由於畜牧業較發達，牲畜成了他們對外的主要交換物，再加上居住在清漳、濁漳兩河流域，地理條件十分優越，便利用此優勢進行水陸兩方面的物品交換。契的六世孫，部落首領王亥，就常常親自帶著牲畜與其他部落做貿易。有一次，王亥和弟弟王恆一起從商丘出發，載著貨物到黃河以北的易水附近交易，狄人有易氏的部落首領綿臣見財而起歹意，殺了王亥，奪走了他的牛車和「僕牛」，引發了一場部族糾紛。王亥之子上甲微為父報仇，起兵滅了

契

甲骨文之「商」

有易氏，奪回了財物，商的勢力由此擴展到易水流域。王亥的「服牛」（馴服牛拉車）法因為有利於商族的發展，商族後人一直隆重紀念他，每次祭祀這位先祖都用牛三百頭。

商部落發展到了成湯十一世祖相土時期，成為渤海西岸的強大諸侯國。相土訓練牛馬做為交通工具。隨著交通工具的不斷改進，商部落的活動範圍逐漸擴大。《詩經．商頌．長發》中說「相土烈烈，海外有截」，可見其活動範圍已擴展到了海上。

商王朝建立後，實力更加強大。商朝開展了南方和北方之間的交換活動，殷墟遺址中出土的麻龜板證明了這一點，因為麻龜板產於南海。在出土的商朝器物中，〈父乙盤〉和〈獸面紋鼎〉上刻著商朝人乘船在海上販運貨物的圖像。甲骨卜辭中還有針對海上活動進行占卜的內容。《殷契遺珠》第五五六片上寫「貞：追凡；貞：凡追」，意思是追趕帆船。這些都說明商朝人已經具備了遠洋航海的條件和能力，並已漂洋過海展開海上貿易活動。

商朝人不但有發達的交通工具和高超的航海技術，還有求富的想法。《禮記．祭義》便載有「殷人貴富」。商朝人講五福，「富」居第二位，講六極（也作六惡），「貧」居第四位。在求富觀念的驅使下，商朝人不斷追求財富，大大促進了社會經濟的發展。

甲骨《田獵圖》，安陽花園村出土，約西元前十六世紀～前十一世紀的商代卜卦用龜板，記述了一次打獵的路線、山川和沼澤

《田獵圖》局部細節

隨著日益發展的交換活動，貨幣關係已滲透到商朝人生活的各方面。眾所周知，漢字中凡與錢財相關者，皆從「貝」，即是因為貝在上古時期被當作貨幣使用。殷墟出土的甲骨文中有許多字與「貝」相關——如貪，人口貝，表示對錢財的貪婪，人類之共性；如嬰，在一個小人頭髮上綁了很多貝殼，視為珍愛；如敗，手持木棒敲貝殼，表示浪費、敗壞；又如買，用網撈上來的貝殼，可以當作貨幣。這些都反映了交換活動的發展。

到了商末，紂王無道。位於今陝西岐山一帶的商屬國周國乘機迅速發展自己的力量，並聯合許多氏族奴隸主一起反商。西元前一〇六六年，由姜子牙輔佐的周文王之子周武王推翻了商朝，建立了周朝。周武王攻陷商城朝歌（今河南淇縣），在王宮和貴族府邸中搜出了金玉一萬四千塊，佩玉十八萬塊，然而商地並不產玉，這麼多玉全是透過交換得來，可見當時交換活動之頻繁。

自此，商族人由統治者變成了周朝的奴隸。許多商遺民被迫遷居到洛陽東郊及其他幾處，由周人嚴加監視和管理。原先的商朝貴族和平民們，雖在恭順臣服之後能保有一些田宅，但境況大不如前，甚至無法好好養家糊口。為了貼補家用，只好以「跑買賣」為副業，或以熟悉的貿易為生，為周朝貴族所需奔走效勞。

商族人不僅經歷了失國之苦痛，還隱忍地背負著鄙視所帶來的巨大心靈傷害。他們失去了話語權，失去了政治地位，除了出門做生意，身無一技之長。於是，「殷人重賈」，延續善於經商的傳統，做生意成了多數商遺民的主要生存方式。

往昔商朝繁盛時，一部分商族人行旅貿易於四方，也經常前往毗鄰的周族居住地做生意，因此在周人的印象中，善做買賣的人大多是商族人。商亡後，「商族人」和「買賣人」這兩個形象更是

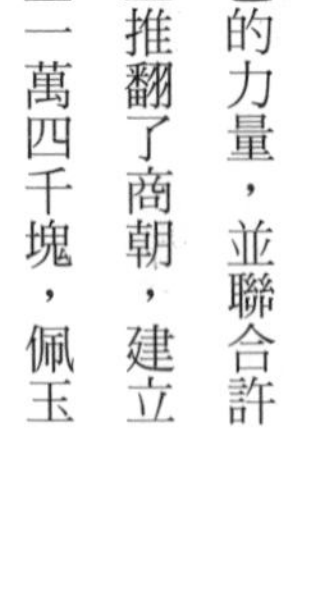
甲骨文「貪」

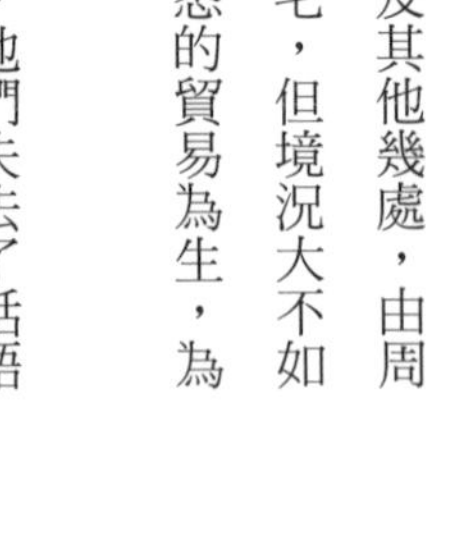
甲骨文「嬰」

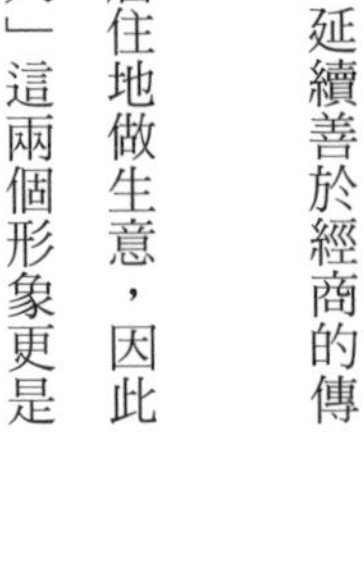
甲骨文「敗」

密不可分地交織在一起。隨著歷史發展，商族和周族之間的氏族界限逐漸消失，非商族的買賣人也逐漸多了起來，買賣人雖已不再以商族為主體，但人們的認知早已根深柢固，於是仍把「商人」當作買賣人的通稱。起先只把到處遊走從事販運貿易的人叫作「商」，坐肆售物的人叫作「賈」，即所謂的「行商坐賈」，後來逐漸統稱他們為「商人」。現今我們稱用於出售的生產物為「商品」，稱專門從事交換的行業為「商業」，都是從「商人」一詞沿用而來。商人、商品、商業，都和上古的商朝有深刻的歷史淵源。

雖然中華民族的商業活動起源遠早於商朝，但商朝造就了商業發展的第一個高峰，也可以說中國人骨子裡的經商天分和基因，就是從殷商時代被激發出來的。中國大陸改革開放以來，市場經濟有了突飛猛進的發展，坊間甚至流傳著「十億人民九億商，還有一億在觀望」的俗語，華商遍布世界各地。追根溯源，此一基因的活水源頭便始於三千年前的商朝。三千年歲月，逝者如斯夫，殷墟古蹟今猶在，不變的還有世代相傳的商業智慧與激情。

甲骨文「買」

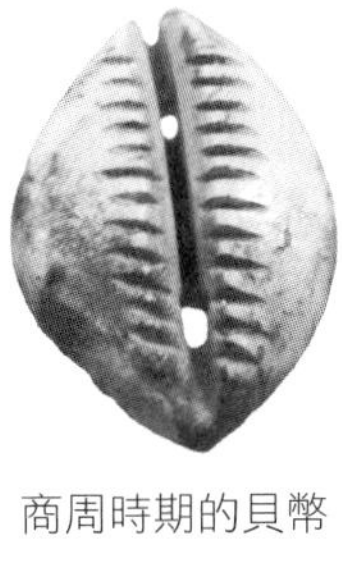

商周時期的貝幣

行商與坐賈

按照經營方式的不同，商人可分為行商和坐賈兩大類。早在春秋時期的文獻中，就已有關於商賈的明確定義。《周禮注疏》有「通物曰商，居賣物曰賈」的說法，《白虎通義．商賈》寫道：「商之為言，商其遠近，度其有亡，通四方之物，故謂之商也。賈之為言固，固有其用物以待民來，以求其利者也。行曰商，止曰賈。」由此可以看出，出門在外，雲遊四海做生意的商人，即為「行商」，而開店鋪在固定場所經商的商人，就是「坐賈」。黃仁宇在《放寬的歷史視界》一書中也說：「客商（即行商）為經常旅行之商人，以別於坐商。」

行商

《游宧紀聞》說「行商之身，南州北縣」，行商，是透過移動的交易形式，把某些地方需要的物品或當地不生產的貨物，主動運到該

地出售。南宋詩人范成大〈右春日田園雜興〉中的詩句「雞飛過籬犬吠竇，知有行商來買茶」，就是對「行商」深入農村採購的生動描述。

根據這樣的描述，我們很容易把行商想像成如今遊走於街頭巷尾的叫賣小販。的確，今天日常生活中多見的行商就是走街串巷、上山下鄉的小商販，然而在先秦、秦漢時期，行商主要是貴族出身的大商人，在集市上坐列販賣的「坐賈」反而是出身較低賤的中小商人。戰國有些大商人擁有雄厚的資本和勞動力，動輒用幾百輛大車轉運貨物，把布匹、綢緞、茶葉、珠寶首飾或糧食從中原運往邊疆遊牧部落，再把貴重皮毛運回中原。春秋時期的「商界鉅子」范蠡就是這一時期的行商代表。范蠡原本是楚國大夫，輔助臥薪嘗膽的越王句踐滅吳復國，建立霸業，官拜上將軍。但他覺得勾踐此人只能同患難，不能共安樂，不如及早抽身以自保，便悄悄收拾珍寶珠玉，更名易姓，攜家帶眷，「乘扁舟浮於江湖」，做商人去了。戰國後期大商人呂不韋的經營主力則是可以獲利百倍的珠寶，帶著商品遊歷四海，與各國貴族、官僚打交道。這些大商人會籌組長途販運的商隊，絲綢之路正是這種大規模商隊所開闢的。

到了宋代，行商這種形式的販運貿易較之前代有了很大發展，行

明代呂文英所繪《貨郎圖》，分為春、夏、秋、冬四幅

商的隊伍有所擴大，且從事販運貿易、奔走於各地之間的商人愈來愈多，史料記載中常可見到他們匆忙的身影。此時行商所販運的商品大多與百姓的生活和生產活動息息相關，所以在社會經濟中發揮的作用也隨之擴大。大行商販運的貨物價值高，且多經營奢侈品、專賣品，如鹽、茶、布帛等。宋人李昭玘在《樂靜集》中說：「萬金之賈，陸駕大車，川浮巨舶，南窮甌越，北極胡漠，龍皮、象齒、文犀、紫貝、夜光之珠、照乘之玉，一旦得之，則深居大第，拱手待價。」正是宋代大行商的真實寫照。

這類大行商中最富有的要數海商。宋代的海商資本雄厚，有能力建造大船，從事遠距離販運。海上販運的利潤遠大於陸地。宋人洪邁《夷堅志》記載，泉州楊姓商人經營海上販運貿易十餘年，集資兩萬萬。一次，他販運貨物前往臨安，一船所載沉香、龍腦、蘇木等奇珍異寶價值達四十萬緡（古代貨幣計量單位）。還有些富商因販賣布帛、絲綢而發了大財。如晉江地區有一富商，一次拿布五千匹，運到邢州（今河北邢臺）出售；越州蕭山富商鄭晏，經營絲綢貿易，某次官府查帳，發現光是漏稅的紗就有幾萬匹。足見這些鉅賈貿易經營規模之大，富庶程度之高。也正是海商貿易的繁榮，成就了中國古代的第二條絲綢之路——海上絲綢之路。

長途販運的大行商往往要承擔很大的風險。在當時的交通條件與運輸技術下，江舟海船一遇風浪便有顛覆的危險，船毀人亡的事情時有發生。陸運雖可免風浪之險，卻有遭搶遭殺的危險，更不乏途遇不測、人去財空的相關記載。《太平廣記》和《蜀中廣記》就記載了不少這些行商的辛苦與艱險。唐朝元和年間，僧人崔無隱的兄長在行商過程中「溺於風波」；販鹽於巴渠（今四川東部）的商人王行言，行商途中「鷙獸成群，食啖行旅」。野獸出沒，攻擊過往旅人，可見環境之惡劣，王行言本人同樣在途中被老虎所害。

除了自然界的風浪和猛獸，還有盜匪和官吏的劫掠。《太平廣記》記載，汴州（今河南開封）劣霸李宏「強貸商人巨萬，竟無一還」，以借錢之名，行劫掠之實，商旅行過汴州無不為之喪膽。披著官吏外衣的行掠者有時甚至比盜賊還凶殘，比如出使新羅的唐使臣邢璹，在歸途中遇到百餘商賈，載著好幾船珍翠、沉香、象犀等奇珍異寶，價值千萬。邢璹趁人不備，將百餘商賈盡殺之，拋入海中，將寶物據為己有。一次襲殺行商上百人，真是駭人聽聞！

行商旅途奔波勞累，又有送命之憂，竟然仍有許多人願意投身其中，原因想必在於「逐利」二字。五代時期閩人黃滔的〈賈客〉中有詩句：「大舟有深利，滄海無淺波。利深波也深，君意竟如何。」可見古代商人是冒著生命之險出海逐利。關於資本逐利性，馬克思也說過：「有二十%的利潤，它就蠢蠢欲動；有五十%的利潤，它就鋌而走險。」古代的行商甘於冒險，恐怕也當作如是觀。

中、小行商主要以販運農副產品、土特產品及手工物品為主，從事者大多是城市或集鎮的市民，販運路程多在本路或鄰路範圍內。《夷堅志》記載，麗水商人王七六每以布帛販於衢州、婺州（今浙江金華）之間，一次販運布帛的收益不超過三百貫錢；鄱陽商人黃廿七把景德鎮的陶器運回來出售；樂平的金伯虎與余暉攜帶本地所產的紗前往襄陽販賣；臨州商人常到臧灣販賣篦頭、釵、鑷等小手工物品……這些商人比起大行商，顯然是資本微薄，大多獲利有限，有的僅供衣食。

明代《皇都積勝圖》局部，描繪了明朝中、後期北京城內商業繁榮的景象

坐賈

相對行商而言，坐賈是指在市內擁有固定鋪席的本地商人。《說文解字》寫道：「賈，市也……一曰坐賣售也。」換言之，坐賈首先表現在其「固」上，即坐而售賣，有固定的地點、固定的時間和固定的售賣商品。先秦時代，這些坐於市中販賣的工商業者多半是貴族的附庸，沒有雄厚的經濟實力，甚至無法獨立，政治地位也極低下，無法像大行商那樣負擔長途販運的費用。儘管坐賈中也有大商人，但總體而言，直到唐代，坐賈大多還是小商人，此一情勢直到宋代才有所改變。

坐賈既為坐賣商，必須坐落在一般消費者熟知的交易場所——市，也說明了這種經商方式得在「市」產生後，才有可能出現。唐以前的城市實行坊市制度，市場設置在城內特定地點，有嚴格的管理制度，市中所有工商業者的一舉一動都不能越出許可範圍，隨時需要接受市政官吏的稽查和監督。因此，工商業者在市中的經營地點和時間，甚至是商品的分類，都要遵從官方的統一要求。坐商在市中還要「分行列肆」，按照經營種類的不同，畫分成若干區域，使商品經營者「名相近者相遠也，實相近者相爾也」、「貨列遂分」。也就是只能在官方指定的行列開門營業。在唐代，坐商在市中的經營店鋪被稱為「廛」或「肆」，後來又稱為「店」或「店鋪」。

宋代以後，坊市制解體，店鋪的設置不再受限，開店的時間、地點和經營種類也較為靈活。「坐賈安於市」，店鋪在宋代有了很大的發展，城市中的店鋪數量多了起來，出現了規模較大的行鋪，如以交引鋪、典當、質庫為主，經濟力量雄厚的大行鋪，非富豪之商賈不能經辦。在商業繁榮的大型和中型城市裡，金銀、彩帛交易「動輒千萬」。此外，有些大型酒樓的規模也相當可觀。

在南宋臨安，店鋪林立，大大小小的酒樓、麵店、酒肆、果子鋪，遍布城市各個角落，經營種類繁多。

與之前不同，此時期經營店鋪的大多是中等階層人士。事實上，宋代的坐賈有相當一部分是由販運商兼營或轉移過來的。如南宋時，許多外地人居住在杭州鳳凰山，本來以販運為業，屬於行商，後來在杭州成家立業，就成了兼營販運業的坐賈。城市中的坐賈勢力明顯增強，這類商人的經營方式主要是提供本錢，再委託他人經商或雇用他人協助經營。坐賈避免了行商的漂泊流動，有固定的交易地點，因而沒有太大的風險。

待客的服務態度大大影響著坐賈的收益好壞，因此商家往往十分關切登門的顧客，笑臉迎送，無論何種情況都不會頂撞顧客或與顧客爭吵，對於有身分的客人或大批貨物的買主，還常常採用讓座、敬茶等手段殷勤招待。為了招徠顧客、傳達商品資訊，也出現了各種各樣的廣告宣傳，如店鋪招幌、店家字號、商業楹聯等。

唐詩中常見反映坐賈服務態度的內容，如岑參的〈臨河客舍呈狄明府兄留題縣南樓〉中有「河邊酒家堪寄宿，主人小女能縫衣」詩句，「小女縫衣」構築了非常溫馨的意境，表達了顧客對於商家服務的滿意。

《太平廣記》也有關於坐賈服務態度的故事：「建康江寧縣廨之後，有沽酒王氏，以平直稱。癸卯歲，二月既望夜，店人將閉外戶，忽有紫衣數人，僕馬甚盛，奄至戶前，叱曰：『開門，吾將暫憩於此。』店人奔走告其主，其主自出迎則已。入座矣，主人因設酒食甚備，又犒諸從者，客甚謝焉。」故事中的店家工作了一整天，正要關門時遇到了客人上門，重又打點精神，繼續為客人服務，體現了以客為尊的經營態度。

坐賈這種經營方式延續至今，成為現代商業經營中一種最常見的方式。激烈的商業競爭使坐賈們愈來愈重視待客服務和售後服務，形成了豐富多彩的服務方式。而服務態度的改善，同樣是提升商業發展水準的重要內容之一。

「牙人」的生財之道

經紀人是現代的概念，按《辭海》說法，是為買賣雙方介紹交易以獲取佣金的中間商人，即我們通常所說的仲介。說起仲介，人們大多想到如今滲透於生活各方面的貿易仲介、服務仲介、房產仲介，甚至婚姻仲介（即俗稱的媒婆）等。從詞面上來看，仲介就是「在中間發揮媒介作用」，仲介人（經紀人）居間幫助甲乙雙方達成某項協議、契約或合約。仲介的形式可以追溯到西周。

《周禮．地官》記載：「質人掌成市之貨賄、人民（指奴婢）、牛馬、兵器、珍異，凡賣儥者，質劑焉。」也就是說，質人是管理市場交易活動的官員，在當時的貨物買賣中，商人們必須獲得官方發放的貨物買賣憑證「質劑」，才可以進行商業活動。郭沫若把質人解釋為管理市場的經紀人。由此，質人可視為經紀人的雛形。

「質人」之後，見諸文字記載的中國古代經紀人是西漢的「駔會」，又叫「駔儈」，最初是指牲畜交易的中間人，由於能夠精準地對牲畜的價值做出權威評估，在市場上的地位非常突出。後來，人們又稱類似的中間交易人為牙人、牙儈、牙郎、牙子等，清代後期還出現了對外貿易經紀人——買辦。

種種稱呼之中，以「牙人」此一稱呼使用最多。為什麼稱之為「牙人」呢？宋代官員孔平仲所著的《談苑》書中有一說法：「今人謂駔儈為牙，本謂之互郎，主互市事也，唐人書互作牙，互似牙字，因轉為牙。」可見宋人的解釋是，唐人由「互」誤寫作「牙」，才形成了「牙人」這麼獨特的名字。

最初的集市交換是直接的單次交易，有了經紀人之後，交換變成了間接的、兩次以上的交易。經紀人本身沒有可買可賣的物品，僅擔任交易雙方的中間人，從中獲得報酬或好處。經紀人與買賣雙方的商人都保持著良好關係，想交易商品時，往往要先找到經紀人，由他與雙方溝通，這叫「引領」或「招致」。買賣雙方接頭之後，有時由買賣雙方自行議價，有時則由經紀人評定，這叫「著價」，特別是買賣雙方對於商品的價格意見分歧時，經紀人常常從中予以協調和撮合，或者直接由他為商品估價。

經紀人確定的商品價格往往容易被買賣雙方接受，因為在買方和賣方看來，經紀人是仲介人，不偏不倚，提出來的價格應該比較客觀公平。而且經紀人久居市場，熟悉商品行情，對商品價格的估計相對來說比較準確。再加上經紀人往往善於揣度買賣雙方的心理，一般而言言辭又懇切，所以不論買方還是賣方，都容易接受經紀人評定的價格。直到現在，仲介活動大致也是這樣進行，可見經紀人這項工作的內容從古至今都沒有太多實質變化。

經紀人的仲介活動是隨著商品經濟的發展而繁榮的。唐代的商品交換較之前代有了較大的發展，因此經紀人——「牙人」——的數量也日益增多。一般來說，低價商品或規模較小的交易，例如蔬菜、水果、雞蛋、紙筆、柴薪等商品的交易，不需要牙人從中說合，但若是價值較高的商品或大宗交易，例如糧食、馬、牛、驢、騾、住宅等，牙人的溝通往往不可缺少。唐玄宗時，洛陽市場上的房屋買賣租賃，都由牙人居中充當仲介人，相當於今天的房屋仲介。此外，當時買賣奴婢屬於合法交易，相關買賣十分頻繁，長安既為王公百官聚集之地，奴婢買賣更是興盛。天寶六年（七四七年），戶部侍郎楊慎矜委託史敬思將其奴婢春草賣掉，最終賣給了楊貴妃的姐姐，「得錢百二十千文，買牛以歸」，把賣奴婢的錢拿去買了牛。在這類特殊買賣中，牙人常常參與其中。

經紀人溝通買賣雙方，促使買賣成交，當然要收取一定的費用，古代稱為「牙錢」。牙錢根據交易額按比例計算而來。以唐代為例，牙人收取牙錢的比率史籍中雖無明文記載，但仍然能從一些文獻中窺探一二。《冊府元龜》記載，後唐明宗天成四年（九二九年）七月，兵部員外郎趙燕奏稱：「切見京城人買賣莊宅，官中印契，每貫抽稅契錢二十文，其市牙人每貫收錢一百文，甚苦貧民。」從此話中可知，京城人買賣房子，官府抽稅二％（一貫相當於一千文），牙人抽十％，比例相當高，因此「甚苦貧民」，苦了買賣房子的窮苦人家。十％的抽成比例一直沿用至明清。

在人們的印象中，中國古代社會向來重農抑商，商人處於「四民之末」，與商人同出一宗的經紀人，必然也會遭受到如同商人般的壓制。但事實並非如此。在很長的時間裡，統治者對經紀人的活動幾乎很少過問，或說態度是寬容的。然而，經紀人還是不可避免地與官府發生了一些關係。到了唐代，隨著商業的繁榮，行商坐賈隱瞞賦稅的情況與日俱增，統治者鞭長莫及，遂逐漸把熟悉商情的牙人列為控制市場的借助力量之一，用以補救自身管理能力的不足。唐德宗時為了籌措軍費，實行「除陌法」，向所有貿易活動徵收除陌錢。廣泛參與各種交易的牙人因為掌握了每宗交易的具體數字，官府便利用長安的牙人來監督商人，甚至委派他們收取「欠陌錢」。以當時的情形來說，官府找牙人配合執行政策再方便不過，甚至比府縣官吏親自檢查更便利。

經紀人的活動遠不止於此。隨著商業的發展，到了盛唐之時，各類商業活動已遠及海外，有商

唐開元通寶，是唐代的第一種貨幣，在當時發行量最大

清院本《清明上河圖》局部，可見北宋都城商業之繁榮

業的地方就有經紀人。無論是和中亞、西亞商人的貿易，還是和西北、西南少數民族的「互市」，牙人都扮演了積極的角色。安史之亂的主角安祿山和史思明就在營州（今遼寧朝陽）當過互市牙郎，一度在中國西北歷史上叱吒風雲的黨項羌人也曾經是漢藏之間的貿易中間人要角。

到了宋代，商業又發展到了一個新的高度。繁榮的商業活動促進了社會生產，擴大了賦稅來源，管理貿易和控制市場的困難卻也沉重地擺在統治者面前。為此，宋太祖趙匡胤首定商稅則例，設置商稅務院等針對商業活動徵收稅費的機構，並派出大批武夫小吏巡視市場，卻仍然無法制止賦稅流失的現象。最後，趙匡胤沿襲唐代做法，把經紀人（牙人）當作管理市場的輔助力量，以官府名義向牙人發放身牌，並制定「牙人付身牌約束」制度，詔令各級衙署取法執行。從此以後，牙人開始超越商品交換的領域，正式參與了官府事務，可視其為牙人功能的某種「變異」。

如前所述，經紀人在進入社會生活之後有很長一段時期，一直都是在沒有節制、沒有管理的情況下參與著商業活動的運作。宋太祖制定「牙人付身牌約束」制度後，經紀人開始接受政府管轄，但不是把經紀人推向商人那一邊，以賤商、抑商的政策來對待，而是把經紀人拉向官府這一邊，把他們納入官府的經濟管理軌道，使其為官府的需要服務。

自此以後，宋代各級衙署開始廣泛招募、遣使牙人，在宋與遼、夏、金的戰爭期間實行的壟斷貿易中，牙人更是重要角色。通曉商情的他們有審驗物貨的能力，「心機手法，捷若鬼神」，又有催賦徵稅、量斗驗秤的技巧，自然被更深地捲入了政府的事務裡。對於政府來說，招募這些「自食而辦公事」的牙人可以節省官署支出；對於牙人來說，獲得官府賦予的一定權力之後，雖無薪俸，卻可以憑此斂索而生，未嘗不是一項划算的「買賣」。

經紀人走出了市場，依託官府勢力不斷拓展活動領域，影響波及社會生活的各個方面。文人墨客開始把經紀人的趣聞逸事收入野史筆記，盡情描繪。宋代著名數學家秦九韶也把「羅場量米，折支牙人所得幾何」的內容，列為其著作《數書九章》的計算習題之一。牙人深諳世故，聯繫廣泛，民間每有難事，常向他們求助。這些經紀人不僅受到平民百姓的歡迎，而且贏潤頗豐，以往向來難登大雅的仲介行當，竟成了令人羨慕的職業。

宋代，「例皆貧民」的游浪之人，「讀書不成」的儒人學子，紛紛請領身牌，躋身市場，當起了「牙儈」。社會上「棄農從牙」、「棄工從牙」者日益增多，到處可見牙人活動的蹤跡。物貨貿遷的都市裡，牙人更是比肩繼踵，觸目皆是。進入元代，由於蒙古族統治者對農業的破壞，商業失去了賴以發展的物質基礎，再加上蒙元統治者壟斷國內外商業，禁止漢人和南人自由貿易，從而使經紀人的活動無從發展。到了明代，隨著社會分工的發展與市場的擴大，小型商品生產者對商業行情的了解愈來愈少，於是有了「買賣要牙人，裝載要埠」的說法，還有「買貨無牙，秤輕物假；賣者無牙，銀偽價盲」之說，可見牙人在明代商業活動中的重要性。

經紀人開設的機構稱為牙行或牙紀。牙行必須由官府發放牙帖才能開張營業。牙帖實際上就是一種牙稅，大致分為上、中、下三等，按時換領。這種制度一直延續至近代。領有牙帖的牙行，成為壟斷某一行業貿易的特權商人，凡牲畜、農漁牧等產品，必須經過牙行才能買賣，比如清代天津就有鮮貨行、牛肉行、羊肉行、豬肉行、油行、船行、花生行、栗子行、瓜菜行、顏料行等。

做為貿易的仲介和媒體，牙行有促進貿易發展的一面，但也因為他們處於買賣之間，隔斷了雙方，又得到官府的確認和支持，因而表現出壟斷的傾向。有些經紀人甚至利用這種便利，公然敲詐勒索，強買強賣，胡作非為，橫行霸道。此處舉幾個事例說一下這些經紀人的種種劣跡。比如《冊府元龜》記載，當時牙人從事賤買貴賣的活動：「鄉村糴貨斗斛及賣薪炭等物，多被牙人於城外接賤糴買，到房店增價邀求，遂使貧困之家，嘗買貴物，秤量之際，又罔平人。」還有一些摻雜使假的手段，大秤斗進，小秤斗出。據明清方志的記載，有的牙人所用的斗、秤與常用的斗、秤不同，名為「橋斗」、「橋秤」。湖南常德石門縣的絲市上，「絲行牙儈，愚弄鄉民，造大秤至二十餘兩為一斤，銀必玖柒捌色折，折淨又捂高低」。秤被做了手腳，銀子的成色也不足，以此欺詐鄉人。

歷史發展到近代，鴉片戰爭一聲炮響，中國淪為半殖民地半封建社會，隨著西方勢力的不斷滲入，商業貿易領域也出現了前所未有的變化，出現了受雇於外商並協助其在中國進行貿易活動的中間人和經理人——買辦。

買辦是中國近代史上一種特殊的經紀人。「買辦」一詞是葡萄牙語comprador（舊譯「康白度」）的意譯，原意是採買人員，中文翻譯成「買辦」。在清初，買辦專指為居住在廣東十三行（指清廷在閉關鎖國的情況下與外界進行貿易的場所）的外商服務的中國公行採購人或管事，後來逐步發展為特指在中國的外商企業所雇用的居間人或代理人。買辦起初的社會地位低下，被人們瞧不起，隨著外國資本的不斷湧入和朝廷對經濟的日益看重，社經地位迅速提升，人們開始對此職業趨之若鶩，社會底層的人甚至視其為進入上層社會的

廣東十三行舊時街景

鄭觀應

業。

捷徑。到了十九世紀六〇年代，買辦已經成為士、農、工、商之外的另一全新行業。

買辦與外國在華洋行之間需立下保證書與合約，之後即可得工資、佣金收入。鴉片戰爭後不久，外商就已放手派遣買辦攜帶鉅款深入內地進行商品購銷、磋商價格、訂立交易合約、收付貨款、擔保貨商信用等活動。外商洋行為了充分發揮買辦的作用，也允許他們自營商業。很多洋行的在職買辦同時是投資於錢莊、販賣鴉片、經營絲茶的鉅賈。著名的晚清「四大買辦」唐廷樞、徐潤、鄭觀應、席正甫，以及「寧波幫」的朱葆三、虞洽卿等，都有自己的業務，也都和朝廷有較好的合作，比如唐廷樞就是清廷洋務運動的主要人物之一，受李鴻章的委派籌辦開平煤礦，並主持官督商辦的招商局，拓展了中國近代的航運業。

唐廷樞

李鴻章

廣東十三行全景畫

鉅賈是這樣煉成的

中國古代商人的社會地位不高，法律禁止他們穿戴絲綢衣物、乘坐華麗的車駕，即不得「衣絲乘車」，被稱為「雖富無所芳華」。從秦朝起，商人和他們的子女就不能從政做官，直到明清才開始有商人步入仕途。然而，隨著商品經濟不斷發展，有些商人憑藉自己的勤勞努力和經商之道，掌握了巨大的財富，成為名商大賈。這些成功的商人有了展現自己的舞臺，抓住機遇，贏得了社會的尊重與認可，可謂中國古代商人中的幸運者。現在就讓我們一起來看幾位代表性的商業大亨，領略一下他們的傳奇人生。

治生之祖——白圭

白圭（西元前三七〇年～西元前三〇〇年），名丹，字圭，戰國時期知名商人。白圭出生在東周都城洛陽，魏（梁）惠王時期曾在魏惠王屬下為大臣，後來又到齊國、秦國做官和經商。他一生的主要成就是商業理論和實踐經驗，是先秦時期的商業經營思想家，也是當時著名的經濟謀略家和理財家。《史記》和《漢書》說他是商業經營的理論鼻祖，即「天下言治生祖」，宋真宗更封他為「商聖」。

欲長錢，取下穀——薄利多銷的生意經

自商業誕生和發展以來，隨著手工業、農業生產的發展，社會分工也隨之進一步擴大和分化。做為政治經濟中心，東周都城洛陽的工商業發展一直處於領先地位，洛陽人善為商賈，商業貿易十分繁榮興盛。傳統的洛陽人都懂得追逐利潤，致力經商。出生於洛陽的白圭具有極高的商業天分，戰國時期的商人大多喜歡經營珠寶生意，他卻沒有選擇這種當時最賺錢的行業，而是另闢蹊徑，開闢了農副產品貿易此一新板塊。白圭才智出眾，獨具慧眼，看到當時農業生產迅速發展，敏感地意識到農副產品的經營將成為利潤豐厚的行業，提出了「欲長錢，取下穀；長石斗，取上種」的經營策略。「下穀」是指品質較差的穀子，白圭認為「下穀」等生活必需品雖然利潤較低，但消費彈性小，成交量大，薄利多銷，周轉快，於是將農產品、農村手工業原料、手工業產品這類大宗貿易當成主要經營方向。

人棄我取，人取我與——掌握時機的智慧

白圭把自己的經營原則歸納成「人棄我取，人取我與」這八個字。豐年或糧食大量上市的季節，農民急著脫手多餘的糧食，糧價下跌，白圭就適時收購進來，這就是「人棄我取」；歉年或青黃不接之際，農民亟須購買糧食維持生活，糧價上漲，白圭就適時供應糧食，這就是「人取我與」。為了掌握市場的行情及變化規律，白圭經常深入探查，了解情況，對城鄉穀價瞭若指掌。

白圭的經商理論重視時機的把握，講究速戰速決。《前漢書》說他「趨時若猛獸鷙鳥之發」，極為生動地描繪了他理財決策時雷厲風行的風采。白圭認為，若想透過經商發財致富，就要像伊

尹、呂尚那樣籌謀策劃，像孫子、吳起那樣運籌帷幄，像商鞅那樣果決堅定。如果智不能權變，勇不足以決斷，仁不善於取捨，強不會守業，那就沒有資格談論經商之術了。

善「取」善「與」的儒商

白圭在經商時不僅善於「取」，即透過交易獲取利潤，同時也懂得「與」，也就是給交易對手和提供商品的勞動者一些利益，予人實惠。只有這樣，自身利益才更容易實現。如在豐年，百姓的糧食積壓滯銷，不少奸商會坐待價格貶得更低時才大量購入，白圭不然，他會用比其他人高的價格收購；如遇年景不好，大家缺乏糧食，奸商往往囤積居奇，以高價出售，白圭卻會以較低廉的價格出售，解決了不少人的基本生存問題。這種經營原則讓他在自身獲得利潤的同時，還能在一定範圍內影響商品的供求與價格變動，保護了不少農民、個體手工業者與一般消費者的利益。

經商之餘，白圭也很注重扶植農民，經常以較低的價格提供優良的穀物種子。這樣不僅可以幫助農民增加產量，使自己掌握更充足的貨源，也能讓自己獲取更多利潤。在這種良性循環的模式下，白圭僅用短短幾年就積聚了大量財富。他從不靠詭計欺詐，也不靠高價實現利潤，而是把貨物流通與生產連接起來，使各地的物資互相流通，互為補充。

白圭認為，一個優秀的商人要具備智、勇、仁、強這四種素質。要有善於分析形勢、及時採取正確經營策略的智慧；行動要勇敢果斷，當機立斷；要有仁愛之心，能夠真正明白「取」和「與」的道理；最後則是要有耐心、有毅力，不可輕舉妄動。其實這四種素質

白圭

就是社會的最高道德標準，他卻將此視為一個商人的基本素質要求，可見他對商人的個人道德修養要求之高，完全體現了正統儒商思維。在爭取利益的同時，不失仁愛之心。白圭雖富甲天下，生活卻很儉樸，摒棄嗜欲，節省穿戴，與僕從們同甘共苦，成為後世商人效仿的楷模。

傳奇鉅賈——呂不韋

呂不韋（？～西元前二三五年）出生在兩千多年前的衛國濮陽（今河南濮陽西南），是戰國末期富可敵國的商業家、政治家、思想家。出身商人世家的他博學多才，文武雙全，因扶植子楚（秦莊襄王）繼承王位而官拜相國，從此大展宏圖。

慧眼識人，奇貨可居

縱觀呂不韋的商業生涯，不難發現他擅用所謂「投機」的手段，善於找到機會、抓住機遇。身為商人，抓住商機非常重要。當時玉器非常珍貴，不但用於祭祀、外交和社交等場合，也用於服飾。《禮記》載「古之君子必佩玉」，人們對珠玉的需求大，經營者卻不多。呂不韋抓住了這個既熱門又冷門的珠寶行當，生意愈做愈大，一方面賣大眾化的廉價玉器，一方面四處尋訪，在其他玉店中尋找有價值的貨物加以倒賣，從中漁利。呂不韋利用珠玉商人精益求精的心理，賤價收購有瑕疵、被低價拋售的次級品，他認為有時候顧客

呂不韋畫像

並不會注意那麼多細枝末節，而經由他獨到眼光購入的玉器，往往能「賤買貴賣」。

然而，呂不韋一生最得意的一筆「大買賣」，還是結識了秦國公子子楚並資助其回國即位。西元前二五八年，呂不韋來到邯鄲經商，一個偶然的機會，見到了在趙國當人質的秦國王孫子楚。子楚是秦王庶出的孫子，乘坐的車馬和日常財用都不富足，生活困窘，很不得意。呂不韋卻非常喜歡子楚，說他就像一件奇貨，可以囤積居奇，以待高價「售出」，這也是成語「奇貨可居」的出處。

呂不韋為什麼將在異國潦倒的子楚視為「奇貨」呢？原來當時各國之間有種制度，把本國王室成員派到其他國家做「人質」，以示信譽。人質大多是有政治前途但在本國不受重視的王室公子，這種高級人質被稱為「質公子」。那時，秦趙兩國經常交戰，秦國顧不上當人質的子楚，趙國又有意降低子楚的生活標準，弄得他非常貧苦，天冷時甚至連禦寒的衣物都沒有。呂不韋知道這個情況後，立刻想到，倘若在子楚身上投資，將換得巨大的收益。

關於呂不韋的這個想法，《戰國策》記載如下：「濮陽人呂不韋賈於邯鄲，見秦質子異人，歸而謂父曰：『耕田之利幾倍？』曰：『十倍。』『珠玉之贏幾倍？』曰：『百倍。』『立國家之主贏幾倍？』曰：『無數。』曰：『今力田疾作，不得暖衣餘食；今建國立君，澤可以遺世。願往事之。』」用白話文重述這段話就是，呂不韋了解了子楚（本名異人）的情況後，回家問父親：「種地能獲多少利？」父親回答：「十倍。」呂不韋又問：「販運珠寶呢？」父親回答：「百倍。」呂不韋接著問：「那麼把一個失意的人扶植成國君，會獲利多少呢？」父親吃驚地說：「那可沒辦法計算了。」

於是，呂不韋決定做這筆「大生意」，開始投下重金扶植這位失意的公子。他去見子楚說：

「我可以光大你的門庭。」子楚笑道：「你還是先光大自己的門庭，再來光大我的門庭吧！」呂不韋說：「你不知道，我的門庭要等到你的門庭光大之後才能光大。」子楚明白他的來意後，與呂不韋深談，兩人達成了政治同盟。子楚並許諾如果計畫成功，將以分國做為答謝。呂不韋拿出五百金送給子楚，讓他改善生活，結交高朋貴友。自己另外帶了五百金去洛陽，購置珍寶玩物，為子楚疏通關係。

禮獻趙姬，釣取奇貨

按當時的局勢，呂不韋的一擲千金不能不說是大手筆、極具遠見卓識的大投資，但也承擔著巨大的風險。當時的秦王是子楚的祖父秦昭襄王，子楚的父親安國君則是有二十多個兒子的老太子，要立子楚為嗣已經很難，要讓子楚將來當上秦王更難。呂不韋從安國君的寵妃華陽夫人下手，讓沒有兒子的華陽夫人提拔子楚。於是，華陽夫人在安國君身旁吹起了枕邊風，委婉地提起子楚非常有才能，還哭著說：「我有幸能填充後宮，但非常遺憾沒有兒子，我希望能立子楚為繼承人，以便日後有個依靠。」最後安國君立子楚為繼承人。呂不韋則施展他的遊說本領，使趙國同意送子楚回國。

正當子楚和呂不韋歡天喜地打點行裝準備回國之際，秦趙之間爆發了長平之戰，趙國戰敗，秦國坑殺了趙國四十多萬戰俘，趙王暴跳如雷，改變了主意，禁止子楚回國。子楚是秦太子的嗣子，也許會是未來的秦王，地位自然非常重要，趙國怎麼能在與秦國交戰之時放他回去呢？子楚只好被迫暫留趙國。

此時，著名的趙姬登場了。趙姬是秦始皇嬴政的生母，年輕時能歌善舞，美麗動人，深得呂不韋寵愛。在趙國期間，子楚看上了呂不韋這位愛妾。呂不韋已在子楚身上投下重金，事到如今，為了「釣取奇貨」，只好無奈獻出趙姬，卻也讓嬴政的生父究竟是誰成了千古之謎。相傳趙姬被獻給子楚時已懷有身孕，《史記》卻記載，趙姬「自匿有身，至大期時，生子政」。大期是指足月分娩，否定了呂不韋與嬴政的血緣關係。不過不管哪種說法，如今都已無從考證了。

此時，戰爭形勢又發生了變化，為子楚歸秦創造了條件。秦國趁趙國尚未恢復元氣之際，再次派兵攻趙，在呂不韋用錢財結交的賓客幫助下，子楚成功逃出趙國。回秦國後，呂不韋事先預備了一套楚國服飾，讓子楚去見華陽夫人時穿。原來，華陽夫人是楚國人，此舉為的是取悅華陽夫人。這正是呂不韋心思縝密之處，他不僅有很多大手筆的行動，細微之處也考慮得很周到。果然，華陽夫人見到穿著楚國衣服的子楚格外高興，立刻對他產生了好感。此後，子楚成了華陽夫人名副其實的孝子，幾乎天天到華陽宮請安。

官拜相國，營國鉅賈

西元前二五一年，秦昭襄王去世，安國君終於繼承了王位，華陽夫人為王后，子楚被立為太子。安國君在父喪後按祖制守孝一年，旋即正式即位，不料即位三天後就突發疾病去世。之後，子楚即位，成為秦莊襄王——呂不韋真的把當時在趙國失意潦倒的「質公子」扶植成了秦王，令人佩服。

子楚任命呂不韋為相國，使其從身分低賤的商人一躍成為位高權重、一人之下萬人之上的權臣，並封他為文信侯，「以藍田十二縣為食邑」。從此以後，秦國大政實際上控制在相國兼文信侯呂不韋的手上，子楚本來就沒什麼治國之才，凡事都由呂不韋裁決，自己只管吃喝享樂，秦國進入了由呂不韋擅權的時代。等到秦莊襄王死後，趙姬的兒子嬴政繼立為王，尊奉呂不韋為「仲父」。「仲父」既不是官名，也不是爵名，而是叔父的意思，頗具親情色彩。

呂不韋擲重金的投資可謂空前壯舉，但這筆「大生意」也實在是一本萬利，不僅使他在當時名利雙收，更使其名垂青史，成為「營國鉅賈」，所獲回報完全無法用錢財來衡量，開創了歷史上商人從政的先河，也是個成功的典範。呂不韋後來與其門客撰寫了《呂氏春秋》，其中有這樣一句話：「民之情，貴所不足，賤所有餘。」完美總結了他做生意的訣竅：賤買貴賣和奇貨可居。這也是呂不韋經商的重要法寶。

富可敵國——沈萬三

沈萬三（一三〇六～一三九四年），本名沈富，字仲榮，俗稱萬三，出生於平江路長洲縣（今江蘇蘇州），祖籍湖州路烏程縣（今浙江湖州），是元末明初的「江南巨富」。沈萬三出生以前，其父輩已擁有千畝良田，並經營米店、酒莊等作坊，在當時算得上是大富人家。

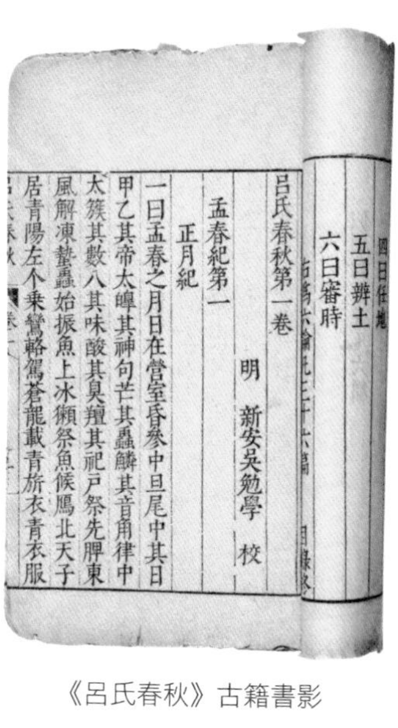

《呂氏春秋》古籍書影

「聚寶盆」傳說

關於沈萬三的傳說很多，其中一個便是聚寶盆傳說。據說沈萬三在學堂調皮搗蛋、無心向學，先生也常常受其作弄。小萬三特別親近乳娘和管家，管家也喜歡逗他玩，並在玩耍時教他算術。管家從酒莊取來一個空酒罈，讓他把零錢放入其中，並建立帳本，凡存取均需記帳，此事小萬三做得特別認真，理財意識由此形成。管家更笑稱酒罈是「聚寶盆」。

誰也想不到，「聚寶盆」這三個字竟影響了沈萬三一生。無論是日後發跡遷居蘇州城，還是應朱元璋詔令搬遷到南京城，此盆一直跟隨著他。對著聚寶盆，他就有無窮無盡的生意靈感。後來朱元璋想徵用聚寶盆修建南京城，沈萬三只好以需要挑選吉日並齋戒七七四十九天後呈獻皇上才會靈驗為由，暗中召集能工巧匠，用黃金鑽石打造了一個聚寶盆，上面刻畫各種吉祥圖案，驚險過了這一關。

明清的筆記小說將沈萬三的聚寶盆形容得十分神奇。清代文人褚人獲在《堅瓠集》中記載：沈萬三年輕時，有天夢見一百多個青衣人求他救命，第二天早上，他見一漁翁捉了一百多隻青蛙，準備殺了拿到市場上賣。沈萬三聯想到昨夜的夢，動了惻隱之心，拿錢買下青蛙，放生在池子裡。當天晚上，青蛙們呱呱呱叫了通宵，吵得他睡不著覺，早晨起床後準備驅趕，卻見牠們全環繞著一只瓦盆蹲著。沈萬三覺得很奇怪，便把那只瓦盆抱回家。某天，沈萬三的妻子在瓦盆中洗手，頭上銀釵不小心掉入盆中，不料銀釵一變二、二變四，不一會兒已是滿滿一盆，數也數不清。隨後拿金銀來試也一樣。從此之後，沈萬三富甲天下。

這個傳說非常有趣，反映了民間對財富的幻想，但顯然缺乏真實性。沈萬三雖然是個名聲很大的人物，史籍中卻很少見到他的蹤跡，載有相關事蹟的野史筆記則多帶有傳奇性質，可信度並不高。在明代後期小說《金瓶梅》中，主人公之一的潘金蓮說：「南京沈萬三，北京枯樹彎——人的名兒，樹的影兒。」說明當時的人對沈萬三的事就已不太了解，在老百姓眼裡不過是個「影兒」。好在，明清兩代江南地區的地方誌發達，其中存有沈萬三後代的相關記載，可從中找到一些關於沈萬三及其家族的可靠史料，比如清代同治年間的《蘇州府志》、民國初年的《吳縣誌》、光緒年間的《周莊鎮志》等。

何以富甲天下

關於沈萬三發財致富的真正原因，大致有三種說法，分別是墾殖說、贈予說和通番說。

首先是墾殖說，這要從江南地區的農業發展史說起。

太湖地區的發展是在唐代中期以後開始的，在南宋達到高峰。由於水利獲得有效的治理，大批荒地（窪地）得以開墾。開墾後要進行土壤改良，當地農民的糞肥法也取得了很好的效果，讓這些在漢代被稱為「厥田惟下下」的江南地區土壤，到了南宋卻以「沃衍」著稱。北宋著名詞人秦觀在《淮海集》中曾說：「培糞灌溉之功至也。」

這種以糞肥進行土壤改良的工作，延續時間很長，到了元代仍在推廣。沈萬三的父親沈祐便在這方面取得了較大的成績，還幫鄰里共同改良，充分開發了當地大片拋荒的肥沃田土。由於經營得法，占田日廣，沈家成功轉型為招納佃戶、出租田地、雇用長短工和發放高利貸的大地主。到了沈萬三和他弟弟沈萬四掌管家業時，已坐擁地跨數縣的良田。江南經濟發達，宋元之際亦未受破壞，到了元朝後期更成全國之冠。蘇州和杭嘉湖地區歷來是聞名天下的「糧倉」，素有「蘇湖熟，天下足」之說。沈萬三擁有田產數千頃，自然有大量稻米可當成商品出售。當時的北方，包括元大都（北京）在內所需的糧食，主要靠南方供給，沈萬三一定也是「售糧大戶」。可見沈萬三家族主要靠墾殖起家一說還是有一定的依據，輔以農產品交易，沈家逐漸成為江南第一富豪。

二是贈予說。

很多資料都說，沈萬三的財富得自於元朝富人陸德原的贈予。傳說陸德原性格豪爽、尚義好禮，並不把產業當作一回事。元代後期，天下大亂，陸德原看破紅塵，「為黃冠」，做道士去了，並把家產贈送給為他管理產業的沈萬三，沈萬三因此成了大地主。

事實果真如此嗎？讓我們先了解一下陸德原這個人。明代學者朱存理的《珊瑚木難》收錄了〈元故徽州路儒學教授陸君墓誌銘〉，載有陸德原的身世。陸德原，字靜遠，是蘇州長洲縣甫里（今蘇州吳中區甪直鎮）人。「少知學，治別室，延宿儒，與居與遊。左右書數千卷，常乘間披閱之。……然能尚義好禮，館賓客無虛日。……族有田千畝當歸君……」他在家鄉興辦甫里書院，被署為山長，曾捐資重建長洲縣學。調任徽州儒學教授後，又出資修州學，總之做了不少好事，為時人所尊敬。元代至元六年（一三四〇年），陸德原回蘇州買木料時病逝，去世時有子八歲，長女贅徐元震，次女剛生三個月。這篇銘文出自陸氏同僚、儒學提舉黃溍之手，有力地證明了並沒有陸氏出家當道士一事，況且還有入贅的女婿、幼女，更無送財與外人的道理。

另外也有資料說，陸德原的產業傳給了嗣子陸頤孫，陸頤孫是著名書畫家倪瓚的女婿。倪瓚曾於至正十四年（一三五四年）放棄田產而遊歷四方，陸頤孫也仿效岳父，把財產贈送給沈萬三，自己外出遊歷。明代孔邇《雲蕉館紀談》一書同樣記載沈氏「有田數十頃」，說沈萬三是有很多田產的「多田翁」。事實上，沈萬三很可能幫陸德原管過帳、購運過木材，或接受過一定的贈予，但全盤接受陸家財產一說，很可能是訛傳。

最後是通番說。

通番實際上是指海外貿易。元朝海外貿易十分繁榮，蘇州的白蜆江西接京杭大運河、東入瀏河，交通條件十分優越。江南又是全國最富庶之地，盛產稻米、棉花、絲綢、茶葉、藥材和各種手工產品。在這樣的地方做轉口貿易，把江浙的物產運往海外不但非常便利，更重要的是利潤相當豐厚。據乾隆《吳江縣誌》記載：「沈萬三有宅在吳江二十九都周庄，富甲天下，相傳由通番而得。」孔邇在《雲蕉館紀談》中說沈萬三：「乃變為海賈，遍走徽（州）、池（州）、寧（國）、太（倉）、常（州）、鎮（江）豪富間，轉輾貿易，致金數百萬，因以顯富。」著名歷史學家吳晗也說過：「蘇州沈萬三之所以發財，是由於做海外貿易。」因此我們可以大膽推測，沈萬三家族資本積累完成後開始開拓商業，並大膽通番，開展海外貿易，從而一躍成為巨富。

其實仔細分析以上原因可知，沈萬三之所以成為江南巨富，以上三個原因缺一不可。首先，沈萬三先祖以農耕立業，為沈家奠定了深厚的根基。之後，沈萬三得到了蘇州陸德原的資助，在出色的經濟管理能力之下，治財有方，很快積累了資本。當沈萬三擁有足夠發展的鉅資後，一方面繼續開闢田宅，一方面把周庄當作商品貿易和流通基地，利用白蜆江的便利水上交通，把江浙一帶的絲綢、陶瓷、糧食和手工產品等運往海外，展開海外貿易，使自己迅速成為「資巨萬萬，田產遍於天下」的江南第一豪富。換言之，沈萬三以墾殖為根本，資助經商資本，再佐以大膽通番為手段，一躍而成巨富。

沈氏家族的敗落

明朝建立後，極具商業頭腦的沈萬三立即前往首都南京購置房產，將生意拓展到了京城。從此以後，沈大富翁的威名響徹整個南京城，但噩運也很快降臨——沈萬三與明朝開國皇帝朱元璋扯上了關係，因為他參加了南京城牆的修築。

朱元璋建立明朝後，戰事頻繁，開支浩大，根本沒錢修城牆。也許是為了討好新君，沈萬三答應負責修築洪武門至水西門這一段城牆，還包括與之相關的街道、橋梁、水關和署邸等相關工程。他不僅請了一流的營造匠師，自己也整天待在工地督促進度，檢查品質。最後沈萬三的建築工程竟比朱元璋自行修築的城牆提前了三天完成。沈萬三原以為會得到朱元璋的獎賞，誰知皇帝不買帳，在宴席上說：「古有白衣天子，號曰素封，卿之謂矣。」當場給沈萬三戴了個「白衣天子」的帽子。這是誇獎嗎？如果是誇獎，那絕對是天下最恐怖的誇獎，因為是從真正的天子口中說出來的。從此以後，沈萬三整天提心吊膽，坐臥不寧。

其實朱元璋早就對沈萬三不滿了。元末起義時，朱元璋與張士誠搶占蘇州，沈萬三站在張士誠那一邊，並提供鉅額資金援助張士誠，讓朱元璋用了八個月才攻下蘇州。沈萬三是何等精明之人，朱元璋得勢後，他立馬投靠新皇帝，朱元璋卻還是對他心懷芥蒂。

富可敵國與功高震主，都是朱元璋忌諱的。沈萬三卻不識相，修完城牆後，隨之又向朱元璋提議打算自掏百萬兩黃金，代替皇帝犒賞三軍。這下終於讓明太祖龍顏大怒，一個平民百姓竟然敢勞軍，這不是要造反嗎？幸虧馬皇后說情：「我聽說法律只殺違法的，不能殺不吉祥的。沈萬三一介平民卻富可敵國，是他自己不吉祥，這種人老天爺會降下災禍，何必由陛下去殺呢？」朱元璋這才免了沈萬三一死，把他發配到雲南去。沈家財產全數查抄，據說光田地就有數千頃。沈萬三到了蠻荒之地雲南，滿肚子委屈，想想自己為大明朝出了那麼多力，不想一時疏忽，招致如此落魄的下場，沮喪又失望，客死他鄉。

事情還沒完，洪武十九年（一三八六年）春，沈萬三的兩個孫子沈至、沈莊又為田賦坐了牢，沈莊甚至死在牢中。從此以後，沈家基業徹底動搖。洪武三十一年（一三九八年），受「胡藍黨禍」牽連，沈萬三的曾孫沈德全等六人被淩遲處死，沈萬三的女婿顧學文一家八十餘人全數斬首，田地財產被沒收。沈萬三苦心經營的巨大家業，轟然坍塌。

有人說，沈萬三之禍是因為他太張揚，竟然想以一介平民百姓的身分捐款勞軍，終至惹惱了皇帝，但依朱元璋的氣量和為人，就算沒有修城牆和勞軍等事，其他罪名同樣會安在沈萬三頭上，因為在朱元璋眼中，沈萬三富可敵國就是罪。正所謂，欲加之罪，何患無辭。在那個時代，「普天之下，莫非王土。率土之濱，莫非王臣」，一切都歸君王所有，連朝廷的大小官員和全體百姓都不過是皇帝的私產，更不用說他們的財產了。商人之力，又能如何？皇帝戰勝了富商，官對商不信任、不認同，使得以商求富的行為存在著極大的風險，於是在有明一

明太祖朱元璋畫像

代的漫漫長史中，再也沒有出現像沈萬三一樣的巨商大賈。整個明代，江南富商也再沒有出過什麼彩。一切的可能性，都在萌芽狀態就被朱元璋消滅了。

近代中國的世界首富——伍秉鑒

伍秉鑒（一七六九年～一八四三年），又名伍敦元，祖籍福建泉州，其先祖在康熙初年定居廣東，開始經商。到伍秉鑒的父親伍國瑩時，伍家開始參與對外貿易。伍國瑩的第二個兒子伍秉均創辦了怡和行，哥哥去世後，弟弟伍秉鑒繼續接手經營。由此可見伍家也是個經商世家。

伍秉鑒可謂名聲在外，在英、美等國的商業圈中是一號讓人敬畏的人物。其影響力到了何種地步？二〇〇一年美國《華爾街日報》統計了「過去一千年中最富有的五十人」，他赫然在列，並且是入選的六位中國人中唯一的商人。《華爾街日報》還表示，伍秉鑒是當時世界上「最大的商業資產擁有者，天下第一大富翁」。

然而，伍秉鑒在中國的名聲幾乎與其國際名聲成反比。時至今日，提起歷史上的大商人，人們想起的是子貢、白圭、呂不韋、沈萬三等人，絕少有人知道這位近代的「天下第一大富翁」。對於一位曾經蜚聲海外的世界首富而言，這種對比相當值得玩味。接著就讓我們來看看伍秉鑒的「世界首富養成記」。

從廣東十三行開始

要說伍秉鑒，必言廣東十三行。

十三行是鴉片戰爭前，官府特許經營對外貿易的廣州口岸商行之總稱，實際上是清代閉關鎖國政策的產物。十七世紀後期，康熙放寬了海禁，開放廣州等四處為通商口岸。乾隆二十二年（一七五七年），規定通商口岸只限廣州一處。當時的對外貿易被公行壟斷，乾隆二十五年（一七六〇年），公行被認可為合法的通商機關。雖號稱「十三行」，其實商行的數量並不固定，不斷變化，但一直沿用「十三行」為總稱。

十三行中的商行各有不同經營範圍，也各有關係密切的外國交易夥伴，基本上壟斷了對外貿易。幾乎所有與清王朝有經濟往來的亞洲、歐洲、美洲主要國家和地區都與十三行有直接貿易關係，大量的茶葉、絲綢、陶瓷等商品從廣州運往全世界。當年十三行的繁榮可用「金山珠海，堆滿銀錢」來形容。據地方誌記載，一八二二年，十三行匯集的那條街發生大火，大火中熔化的洋銀滿街流淌，竟流出了一、二里地，形成一條壯觀的「銀河」。該場大火造成的損失總計四千萬兩白銀，卻不過是十三行財產中微不足道的一部分罷了，由此可以想像十三行到底有多富有。前後一百年間，廣東十三行為清廷貢獻了四十％關稅收入，逐漸被稱為「天子南庫」，也造就了一批世界級大富商。

盛極一時的十三行中，又以為首的四大商行最富有，分別是潘啟官的同文

伍秉鑒畫像

行、盧觀恆的廣利行、伍家的怡和行、葉上林的義成行。四大商行裡，最傑出的就是伍家的怡和行，並於一八〇一年由伍秉鑒正式接手掌管。

伍秉鑒是一位極其精明的商人，在眾多外國交易夥伴中，他一眼選中了英國的東印度公司，並與之建立了極為密切的關係，這是他成為享譽國際商界的世界級大商人最重要的一步。東印度公司的毛料、紡織品等產品，往往透過伍家的怡和行行銷全中國；蓋有伍家戳記的茶葉和絲綢產品品質上乘，暢銷於國際市場，東印度公司也樂於收購。後來，雙方關係日益密切，東印度公司周轉不靈時甚至常向伍家借貸，伍家也成了東印度公司最大的債主。

除了東印度公司，伍秉鑒與美國商界同樣淵源頗深。曾有一位波士頓商人找他借貸七萬二千美元在廣州進行投資，不料經營不善，到期時不但還不出本金和利息，甚至連從廣州回美國的路費都沒有。伍秉鑒得知後，把波士頓商人請來，當著他的面撕毀借據，宣布帳目結清，請他安心回國。

伍秉鑒認了一個在中國販賣茶葉和鴉片的年輕美國商人約翰·福布斯（John Murray Forbes）為義子，福布斯獲得伍秉鑒給予的五十萬銀圓投資後，順利回美展開鐵路運輸業務，後來成為橫跨北美大陸的泛美鐵路最大承建商。伍秉鑒也是福布斯在中國所經營的旗昌洋行主要交易夥伴。種種慷慨之舉，為伍秉鑒在美國商界贏得了極大聲譽。伍家的生意從中國做到海外，在美國已涉及金融、保險、房地產等許多行業，伍秉鑒也因此在交易過程中得到了較大的優惠。

除了與英、美等大國的貿易，伍秉鑒還擁有龐大的世界級貿易網絡，商業帝國版圖覆蓋了印度、孟加拉、馬來西亞等地，並遠至西歐的荷蘭、普魯士等國。伍秉鑒在世界各地都有長期合夥人與代理人幫他打理本地商務，包括歐洲、北美、南亞和東南亞等地區，他也因為對待這些合夥人和代理人的寬厚慷慨而負有盛名。

林則徐的成功與伍秉鑒的失敗

從史料上看，伍家的怡和行向來都是做正經生意，茶葉貿易則是最主要的經營內容，但有些由伍家擔保來華進行貿易的外國商人為了牟取暴利，往往在貨物中夾帶鴉片。一方是朝廷官府，一方是多年來貿易往來的生意夥伴，伍家兩邊都得罪不起。早在道光元年（一八二一年），伍秉鑒就因隱瞞外船夾帶鴉片，被清廷摘去了三品頂戴。

在西方商人眼裡，伍秉鑒是個誠實、親切、細心、慷慨且富有的人。英國人稱讚他「善於理財，聰明過人」，但英國人心中也很清楚，伍秉鑒「天生有懦弱性格」，這也為怡和行的衰落埋下了伏筆。

道光十九年（一八三九年），林則徐抵達廣州主持禁煙運動。林則徐一到廣州，就把矛頭指向十三行的商人，說他們私下幫助洋商販賣鴉片，毒害中國人。伍秉鑒打從一開始就要兒子伍崇曜告知外國商人，最好避避風頭，切勿「捋欽差的虎鬚」，但外商此前與中國官員打過不少交道，認為林則徐雖然態度嚴肅，也不過與其他官員一樣，是為了索賄而故作姿態，不以為然。林則徐最終使出鐵腕，扣押伍崇曜，並讓伍秉鑒戴枷向聚於商館中的外商宣讀禁煙上諭和林則徐親擬的文告，聲明外商必須在「三日內取結稟覆」，交出所帶鴉片。林則徐還借伍秉鑒之口提出警告，假如不按期限繳煙，他們的老朋友伍秉鑒就會被處死，繳煙者則可以繼續與中國進行正當貿易。

外商中，美商多願繳煙，希望能透過與伍秉鑒的良好關係繼續保持對華貿易，英國商人則分化為繳與不繳兩派，其中以大鴉片販子顛地為首的鴉片商占了上風。當時廣州外商的鴉片存貨裡，顛地一人就擁有總量的近三分之一，總共六千餘箱——虎門銷煙時，一共銷毀了鴉片二萬一千三百零六箱——如果全數上繳，無疑是損失最大的，因此一直堅決拒繳，使得伍秉鑒往來奔波，費盡心力，總算從外商得到了一千零三十七箱鴉片。

為了息事寧人，伍秉鑒派兒子伍崇曜將這一千零三十七箱鴉片交給林則徐，希望就此結案。但這讓事先調查過鴉片總數的林則徐大怒，派人鎖拿伍崇曜等人審訊。其實林則徐並沒有證據可以證明十三行和伍家真的參與了鴉片交易，但是伍秉鑒妥協了，表示願以家資報效。林則徐卻堅決地下令將伍崇曜逮捕入獄，讓伍秉鑒顏面盡失，斯文掃地。林則徐此舉實際上是殺雞儆猴，對外表明他禁煙的決心，同時也派兵封鎖了外國商館，切斷了外商的生活必需品補給。

林則徐的強硬手段激怒了英國人，雙方劍拔弩張。這時英國商務總督義律出面了，提出一個「完美」的辦法，也就是要外商將所有的鴉片交給林則徐，同時請求英國政府在此次危機解除後，立即派遣強大的海軍對「野蠻又狡猾」的中國人進行武力威脅，所得賠償即可用來補償繳煙外商的損失。一旦戰爭成功，破除十三行的貿易壟斷地位只是遲早之事，大英帝國更可以攫取無法想像的巨大利益。義律最後說服了各國商人向清廷交出鴉片，緊接著的事態發展也一如義律所言，一八四〇年六月，英國遠征軍封鎖珠江口，鴉片戰爭爆發。

林則徐畫像

據某美國商人的紀錄，當伍秉鑒聽說英國人派軍隊打過來時，當場「嚇得癱倒在地」。他心中一清二楚，隨著戰爭爆發，十三行的壟斷貿易已經不保，英國的最終目的是想在中國打開更多通商口岸。十三行的行商們積極為戰爭募捐，出資修建堡壘、建造戰船、製作大炮，衷心希望清廷能打贏這一仗。無奈事與願違，清軍在戰爭中全線潰敗。一八四一年五月，英軍長驅直入，兵臨廣州城下，奕山統領的清軍無力亦無心抵抗，只想讓十三行中慣與洋人打交道的商人們前往調停。於是，伍崇曜與英軍統帥義律展開談判，最終雙方簽訂《廣州和約》，協議規定清軍退出廣州城外六十里，並於一星期內交出六百萬銀圓賠款，英軍則退至虎門炮臺以外。

這六百萬鉅額賠款，清廷勒令十三行商人承擔其中的三分之一，做為十三行首領的伍秉鑒出資達一百多萬。然而，贖城之舉並沒有為伍秉鑒帶來榮譽和感激，更多的反而是非議。從戰爭一開始，和洋人做生意打交道的行商就被中國人貼上了「漢奸」的標籤，不管捐了多少銀兩，也難以抹去那「勾結洋人，毒害中國」的惡名。

「世界首富」的悲哀

儘管鴉片戰爭讓伍家損失不小，但對於號稱世界首富的伍家來說，並不算傷筋動骨，而且伍家在海外的生意已經十分興隆，這次失敗並未讓家族的命運就此

義律

衰敗。只不過經歷了這些悲劇性變故，伍秉鑒連受打擊，舊病復發，於一八四三年九月病故，得年七十四歲。

伍秉鑒的一生折射出了行商（與前文所述「行商坐賈」的「行商」不同，此為商行的行商）這一特殊群體以及官商在封建社會中依靠政府的無奈。十三行是政府閉關鎖國的產物，伍秉鑒靠著十三行的貿易壟斷地位，享盡榮華，卻無法在緊要關頭左右事態的發展，甚至無法保全自己和家人的尊嚴。官商也僅僅是商而已。

身處中外兩個世界的夾縫之間，伍秉鑒如果完全禁絕外國商人販賣鴉片，將嚴重影響自己的生意；遇到欽差大人追究責任，他身為行商首領亦無法脫離罪責。中外衝突一旦爆發，立場更是尷尬，他既是大清臣民，鴉片商人也都是他長期合作的老友，而且這兩方在真正劍拔弩張時，全都棄他於不顧。這是身為官商的悲哀。然而，最悲哀的是，伍秉鑒一直不斷地將自己辛辛苦苦賺來的財富貢獻出去，卻仍舊得不到絲毫尊重，做為一位中國古代商人，永遠要仰官府的鼻息，在政策的夾縫中艱難求生。

第二章

儒學與商賈——商人的文化基因

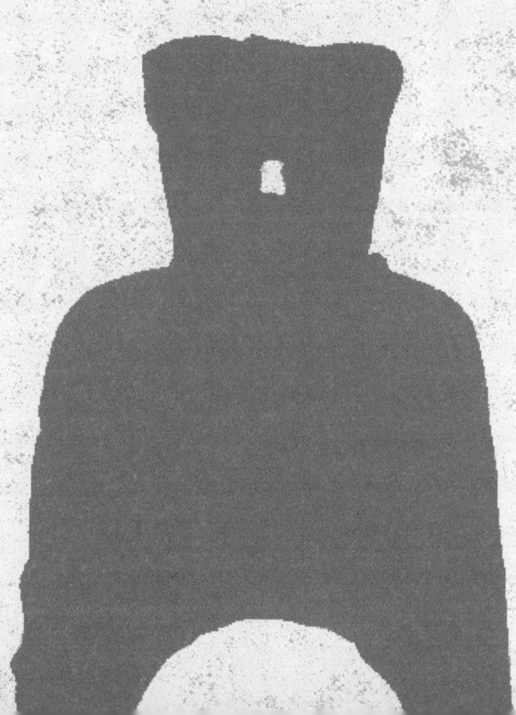

關於一〇九個「仁」

仁是儒家學說的核心概念，是儒家最基本的道德範疇。《論語》中言及「仁」字達一百零九次。那麼，什麼是「仁」呢？

儒家所謂的「仁」，有廣義與狹義之分。從狹義上，仁的本質就是「愛人」。樊遲問仁，子曰：「愛人。」這裡講的愛人，並非指特定人群，而是泛指愛所有的人，要求以愛己之心親愛、關懷、尊重所有人，做到對所有人友善。愛人有兩個原則，一是「己欲立而立人，己欲達而達人」，即要求承認自己欲立欲達的事，也要尊重他人有立有達的權利和願望。二是「己所不欲，勿施於人」，即認為自己不願做的事，也不要強加於他人。

從廣義上，仁是全德之稱，兼統各種美德。樊遲問仁，子曰：「居處恭，執事敬，與人忠。雖之夷狄，不可棄也。」子張問仁於孔子，孔子曰：「能行五者於天下，為仁矣！」又比如「請問之，曰：『恭、寬、信、敏、惠。』」這裡的恭、敬、忠、寬、信、敏、惠等美德，是「仁」在道德行為上的不同表現。除此之外，還可以從仁中引申出人的其他美德，諸如「仁者樂山」、「仁者靜」、「仁者壽」、「當仁不讓於師」、「智者利仁」、「有殺身以成仁」等，這些都是仁的從屬意義。可見，儒家以「仁」為核心而建構的道德範疇體系，既包括人的認知心理、語言儀表、道德情感、行為動機等，也包括了人的道德行為，從不同的角度揭示「仁」的深刻內涵。

儒家在商業方面的理想是「經世濟民」，其出發點和最終目標都是從儒家文化出發，以「仁」為核心，以利國利民為目的，以回報社會為情懷，用助人之心進行商業活動，創設融洽和諧的氛圍，藉由財富與金錢來實現自己人生的功名。這種經世濟民的商業理想，表現了中國傳統商人的崇高價值取向和超越一般商人的精神境界，為中國歷代商人所遵從，成為傳統商人的精神傳承。

南宋馬遠所繪孔子像

經營的底線

「誠」與「信」

著名歷史學家呂思勉在其《中國通史》中曾言，在中國，思想界的權威無疑是儒家。在中國古代社會，儒家思想滲透到了政治、經濟、思想、文化、生活等各方面，商業自然也不例外。在中國思想史上，儒家宣導誠信並堅持身體力行的價值觀，但儒家經典中的「誠」與「信」一開始是獨立的兩個概念，與今天的一般理解差異較大。

對於「誠」的詮釋，首推《中庸》：「誠者，天之道也。誠之者，人之道也。誠者不勉而中，不思而得，從容中道，聖人也。誠之者，擇善而固執之者也。」也就是說，在儒家思想中，「誠」是天之道，是客觀存在的，從認識論層面而非倫理道德層面來解釋。儒家思想很少關注人類思想之外的事情，更注重「心」的修習，但不可否認的是，這種思想體系默認有某種客觀實實在在地影響著人類社會的運行。儒家思想裡的「誠」，應該是「物之終始」，與「真」具有同樣的意義。而「信」則是屬於道德層面的概念，《孟子》中有「大人者，言不必信，行不必果，惟義所在」，即「信」的行為要合於「義」，如果不能堅守，「信」是沒有任何意義的。《論語》中講「朋友信之」，《孟子》中也說「朋友有信」，這裡的「信」，即是守誠、守諾、守約之意。

「誠」與「信」都是針對人的社會行為所提出的要求，「誠」是對「君子」修身的要求。「誠」是天之道，是自然規律。《大學》中說：「欲正其心者，先誠其意；欲誠其意者，先致其知，致知在格物。」所以君子的修為，應將「至誠」做為溝通主觀世界與客觀世界的先決條件。「誠」更多的指「內誠於心」，而「信」是對人與人之間關係的要求，側重於「外信於人」。因此，「誠」與「信」的組合，就形成了一個內外兼備、具有豐富內涵的詞彙。許慎在《說文解字》中說「誠，信也」，「信，誠也」，將「誠」與「信」合而說之。簡單來說，誠，即真實、誠懇；信，即信任、證據。儘管兩者有多重含義，但從倫理學的角度看，最根本的含義就是誠實守信，也是庶民立身處世、君王治國安邦的根本。在世界幾大文明古國中，唯獨中國能自立於世界民族之林幾千年而不沉淪，原因當然很多，但其中一個重要原因就是始終不渝地講究誠實守信，並表現在日常、經濟、政治等各方面。誠信是中華民族傳承了數千年的傳統美德。

傳承數千年的美德

孟子將「信」視為處理五種人倫關係的規範之一，西漢的董仲舒更將「信」與「仁、義、禮、智」並列為「五常」，使其成為具有普遍意義的社會道德規範之一。古人非常注重誠信守約。下面幾個事例可以窺其一斑。

季札掛劍報徐君

季札是春秋時期吳國吳王壽夢的第四子，封於延陵，大約在今常州、江陰、丹陽等吳地沿江一帶，又稱「延陵季子」。季札是孔子的老師，也是孔子最仰慕的人，後世甚至有「南季北孔」之說。

吳王壽夢的四個兒子中，季札最賢能，吳王和其兄長及吳國國民都欲立他為王，季札卻始終推讓不就。關於季札，《史記・吳太伯世家》有這樣一段記述：「季札之初使，北過徐君。徐君好季札劍，口弗敢言。季札心知之，為使上國，未獻。還至徐，徐君已死，於是乃解其寶劍，繫之徐君塚樹而去。從者曰：『徐君已死，尚誰予乎？』季子曰：『不然。始吾心已許之，豈以死倍吾心哉！』」

季札身為吳國使臣，出使時路過徐國，拜訪了徐國國君。徐國國君非常喜歡季札的寶劍，但不好意思開口。季札心裡明白徐君之意，但因為還要出使中原各國，所以沒把寶劍獻給徐君。等到季札出使吳、楚等國後，再回到徐國時，徐君已經去世了。於是季札解下寶劍，掛在徐君墓地的一棵樹上，然後才離去。隨行人員不解地問：「徐君已經去世了，您這是贈送給誰呢？」季札說：「不，一開始我心裡就已經許諾要把劍送給他了，怎能因為他去世就違背我的心願呢？」徐國人讚美季札，歌頌：「延陵季子兮不忘故，脫千金之劍兮帶丘墓。」

後來，季札「留徐劍」成為懷念亡友或對亡友守信的典故，亦以諱稱朋友逝世。唐代詩人杜甫的〈哭李尚書〉一詩中有「欲掛留徐劍，猶回憶戴船」。季

季札像

札對朋友重允諾、守誠信，獲得了世人的尊敬。後人為紀念此事，在季札掛劍處修建了「季子掛劍臺」。「季札報徐君，塚樹掛劍鋒。至今泗水南，高臺遺芳蹤。」這是明代楊於臣對季札誠信之舉的讚頌。「季札掛劍」此一典故不但廣泛流傳，也成為誠信的象徵。

范式交友重信義

范式，字巨卿，山陽郡金鄉縣（今山東省濟寧市金鄉縣）人，東漢名士。他曾被舉為州郡的茂才，四次升遷至荊州刺史，後升遷至廬江太守，享有威名。《後漢書．獨行列傳》中有這樣一段記載：「范式字巨卿，山陽金鄉人也，一名氾。少游太學，為諸生。與汝南張劭為友。劭字元伯。二人並告歸鄉里。式謂元伯曰：『後二年當還，將過拜尊親，見孺子焉。』乃共克期日。後期方至，元伯具以白母，請設饌以候之。母曰：『二年之別，千里結言，爾何相信之審邪？』對曰：『巨卿信士，必不乖違。』母曰：『若然，當為爾醞酒。』至其日，巨卿果到，升堂拜飲，盡歡而別。」

范式年輕時在太學遊學，成為儒生，和汝南郡人張劭成為好朋友，張劭，字元伯。後來兩人一起告假回鄉，告別時，范式對元伯說：「兩年後我要回京城，將去府上拜訪您的父母，看望孩子。」然後他們共同約定了日期。約定的日期快到時，元伯把情況告訴母親，請她準備酒食迎候范式。母親說：「都分別兩年了，千里之外約定的事情，你怎麼就這麼相信他呢？」元伯說：「巨卿是個誠實守信的人，必然不會背信失約。」母親說：「如果是這樣，我就為你釀酒。」到了約定之日，范式果然來了，兩人互拜對飲，盡歡而別。因為他們重逢那天正值重陽節，兩人達成了重陽節的「雞黍之約」，即隔期互拜尊親，兄弟間你來我往，殺雞炊黍厚待對方，多少年都雷打不動，嚴格遵守，從不誤約。

當然，這並不是故事的結局。

轉眼又是一年重陽節，元伯殺雞煮黍，一直等到傍晚，范式卻沒到。到了三更時分，元伯迷迷濛濛睡著了，夢境中，竟看到范式隱隱飄然而至。元伯忙起身相迎，范式卻以袖掩面，步步後退。元伯追趕范式，不料卻一腳踏了個空。原來，范式辭官回歸故里，因為忙於事務，一時疏忽了「重陽雞黍之約」，等他想起來時，已經無法在重陽節這一天趕到元伯家了。如果不去，那就違背了諾言。范式尋思無計，對妻子說：「常聞古人云，人不能日行千里，魂卻能日行千里。做人誠信為本，我死也不能失信，要讓我的魂靈前往汝南赴約。」范式囑咐妻子後，自刎而死，化為魂靈前往汝南赴約，托夢於元伯，並把實情告訴他。元伯在夢中得知噩耗，一下子哭醒，辭別妻母，奔赴山陽為范式送葬，並在悼念范式之後，在他的靈柩前自刎而死。

范、張兩人死後，金鄉范莊的老百姓念及他們的一諾千金、誠懇守信，改范莊為雞黍，即現在的雞黍鎮。漢明帝憐其二人信義深重，以勵後人，撥下銀兩在范式故地築墳修廟，即雞黍鎮的「二賢祠」與「范張林」。

誠信美德的代言人——關羽

中國古代的誠信典故比比皆是，關羽可稱為影響最大的誠信美德「代言人」，身為三國時期蜀漢名將的他，由將而侯、而王、而帝、而聖，一生忠義仁勇，誠信名冠天下。關羽以武聖之尊與文聖孔子齊名，在他身上體現的忠義誠信，歷來受到官方、民間、儒釋道所敬仰推崇，而最能體現關羽「誠信忠義」的精神，非「土山三約」和「夜讀《春秋》」莫數。

「土山三約」的土山位於江蘇北部。曹操東征徐州，大敗劉備。劉、關、張兄弟失散，關羽被困土山。張遼奉曹操之命上山勸降，對關羽分析如果以死相拚，就會有三罪：棄兄獨死，有負桃園誓同生死之約；兩位夫人無所依託；不能和兄長共扶漢室。張遼又以「三便」勸關羽降曹：一可保甘、糜兩位夫人的安全；二可不背桃園之約；三可留有用之身。關羽被說動了，提出「三約」做為降曹條件：一、今降漢不降曹；二、請給兩位嫂子俸祿，單獨居住，他人不許入門；三、只要得知皇叔下落，不管千里萬里，都將歸劉而去。三者缺一不可。「三約」體現了關羽對漢室、對劉備的忠誠，在文字上約法三章，表明他對兄弟桃園結義承諾的踐約之志。

「夜讀《春秋》」則是關羽的故事裡最著名的。《三國演義》中並未提及「夜讀《春秋》」，但民間流傳甚盛，可見關羽的忠誠形象在百姓心中根深柢固。

接續「土山三約」的故事，徐州兵敗後，關羽與曹操約法三章，暫居曹營。曹操敬重關羽，為了籠絡他，賜他珍貴物品，關羽全送給了兩位嫂子；幾日一宴請，關羽從不亂吃喝；給關羽大宅，他將內宅讓給兩位嫂子居住並派人把守，自己住外間；派十名美女伺奉他，他叫美女去服侍兩位嫂子。曹操此前還安排劉備兩位夫人和關公同居一室，他不為所動，秉燭獨坐門外，

關羽「夜讀《春秋》」木雕

專心致志讀《春秋》，通宵達旦，毫無倦色。曹操想利用美色詆毀關羽，從而達到逼其就範的目的，卻仍以失敗告終。

關羽雖為武將，「夜讀《春秋》」卻呈現了其能文能武的形象。那麼，歷史上的關羽有沒有夜讀《春秋》呢？據裴注《三國志》引《江表傳》記載，關羽平時十分喜愛《左氏傳》，而且「諷誦略皆上口」。《左氏傳》即《春秋左氏傳》，亦即《春秋》，其「微言大義」成為儒學傳承的重要內容。因此，漢代的關羽讀《春秋》應是有據可依的。關羽面對美色坐懷不亂，通宵守衛兩位嫂子，不僅是對兄長劉備的忠義承諾，更反映了他誠實守信的道德。這一優秀品行，經《春秋》儒學道義的薰染，昇華成了華夏民族最寶貴的忠義誠信道德典範，千古流傳。

劉庭式不棄盲妻

劉庭式，北宋齊州（今山東省濟南市）人。此人在歷史上雖不如前幾位有名氣，卻流傳著一段不負婚約、不棄盲妻的美談。元朝脫脫等人修撰的《宋史》與蘇軾的《東坡全集》中，均有劉庭式的相關記載。

劉庭式出身農家，當初尚未及第時，鄰居老翁有一女兒，相約與庭式為婚，但未聘定。數年後，庭式赴考，高中進士，回到老家，拜訪鄰居老翁，老翁已經去世，老翁之女因病雙目失明，家中貧困得揭不開鍋。庭式請人表明先前約定好的婚事，但女方以疾病相辭，實際上是因農家之女不敢嫁給士大夫。庭式卻堅持：「人得守誠信，不能變心。我和翁有約在先，怎麼可以因為翁死女疾而違背約定呢？」就這樣，兩人最終成了婚。婚後，夫妻相攜而行，互敬互愛，連生數子，家庭非常和樂。後來，庭式犯了錯誤，監察官本欲逐之，考慮到他的美行，遂予以寬恕。

就在庭式掌管江州太平宮時，妻子病逝了，他相當悲傷，哭得很哀痛，終生誓不再娶。當時蘇軾是密州太守，庭式為通判，蘇軾問他：「夫妻所以有生離死別的哀傷，是因為愛；而愛是生於色，現在您的愛是從何而生？您的哀傷是從何而來呢？」庭式回答：「我只知道喪亡的是我的妻子。如果我是因其美麗的容顏而愛她、為她悲傷，一旦妻子容顏不再，我就不再愛她、不再因為失去她而悲傷的話，那麼，那些倚門賣笑、風月場中的女子，豈不是都可以做我的妻子？」蘇軾聽了非常敬佩。

人無信不立。誠信是儒家文化中的重要道德信條，「信」字在《論語》中出現了三十八次，在《孟子》中出現了三十次。在儒學經典中，「誠信」一詞擁有內容極為豐富的社會道德範疇，既有政治學意義，也有倫理學意義。對個人而言，「信」是做人的根本，是自我修養的基本準則，也是立身處事、廣交朋友的基本準則，誠信是人們在社交場合和人際互動過程的基本規範。在政治上，孔子提倡「道千乘之國，敬事而信」，把「敬事而信」列為治理千乘之國的第一要務。取信於民是統治者治國安邦的基本條件，一個官員、一國政府倘若無法獲得人民的信任，任何事情都辦不好。同樣的標準也適用於經濟層面。從古至今，「誠信」都是經營之道的根本，那麼經濟生活中的「誠信」，又是如何體現的呢？

儒商的底線

經濟生活中的「誠信」，還是得從孔子說起。《論語．里仁》寫道：「富與貴，是人之所欲也，不以其道得之，不處也。」孔子反對攫取不義之財，認為應該透過誠實的勞動與經營獲得應得的財物，主張「見利思義」，「義然後取」。這裡的「道」和「義」，指的就是誠實的勞動與經營。《論語．述而》就說：「富而可求也，雖執鞭之士，吾亦為之。」在孔子那個時代，「執鞭之士」指的是拿著馬鞭趕馬車的人，從事的是基礎勞力工作，但因為透過它可以獲得物質財富，所以他同樣願意做，因為這種物質利益是透過自己的勞動而獲得的。

孔子主張「因民之所利而利之」、「擇可勞而勞之」，也就是讓老百姓自由自在地選擇自己能做的、做了後能得到物質財富的事。在「學而優則仕」的時代，他對「不受命，而貨殖焉，億則屢中」的子貢給予肯定和讚許，這種態度發揮了振聾發聵的作用，對後世產生了深遠的影響。子貢是孔子最得意的三大弟子之一，也成了儒商鼻祖。他「鬻財於曹、魯之間」，在曹國、魯國之間從事賤買貴賣的商業活動，經商致富，「家累千金」，成為孔門弟子中「最為饒益」者。「所至，國君無不分庭與之抗禮。夫使孔子名布揚於天下者，子貢先後之也。」為儒學傳揚天下提供了強大的經濟後盾。

司馬遷在《史記．貨殖列傳》中列舉的十七個商人，統統在不同程度上受到

孔子弟子子貢（端木賜）畫像

孔子上述思想的影響，比如范蠡、白圭。前文介紹過范蠡，他「旱則資舟，水則資車」的經商理念就是儒商的經商理念。白圭則「樂觀時變」，經商「猶伊尹、呂尚之謀，孫吳用兵，商鞅行法」。這些以誠實勞動和經營致富的古人開創了中國儒商精神的先河，深深影響了後世的十大商幫。其中又以晉商和徽商最為典型，他們以誠實守信取得顧客的信賴，獲得了源源不斷的財富。

晉商——立業處世，誠信為本

儒商從一開始就將「誠信」奉為經營之道的根本。晉商是儒商中的典型，也是歷史上全中國乃至全世界公認的、最講信用的商業群體，主張義利相通、先義後利、以義制利。梁啟超曾說：「晉商篤守信用。」信義並舉的道德構建使他們建立了充分的道德自信，從而能在信、義、利三者之間做出理性且正確的選擇。

在立業上，晉商對「信」字懷有一種誠惶誠恐的虔誠，是天崩地裂也打不動的信仰，認為一旦失信，必遭失敗。晉商把言必忠信、信必篤敬的關羽尊奉為財神，當成精神偶像，以此建立道德自信。關羽是山西人，身為關公的同鄉，山西人頗感榮譽與自豪。許多晉商發跡的城市裡都有關帝廟，山西人每到一地經營，一經發展，先修關帝廟。很多關帝廟都是山西商人修建的。在商業活動中，晉商借助關羽的忠義團結同鄉，借助關羽的誠信招攬顧客，並希望這位神威廣大的神靈能督促他們的商業活動在正義中開展，因此在同行中取得了良好的信譽。

知名晉商喬致庸把經商之道歸結為，第一是守信，第二是講義，第三才是取勝。他們「輕財尚義，業商而無市井之氣」、「重廉恥而不失體面」，賺錢講究薄利，講薄利就必須克制欲望。諸多晉商商號將這種經營之道輩輩相傳，財富竟然愈積愈厚。晉商一度經營許多皮毛店，當時的皮毛店屬於仲介性質，從中收取約二%的佣金。皮毛店宛如貨棧，商家將大量的貨存在皮毛店，店家有負責保管的義務，也得承擔貨物損壞的風險。「廣恆信」皮毛店有次不幸發生火災，店內皮毛寶物全數燒毀，面對這樣的災難，「廣恆信」按原來登記的清冊逐項清算，全部賠償。由此可見「廣恆信」對自己很「刻薄」，對不多的收益很知足，對巨大的損失則不推脫，一般「在商言利」的商家很難達到這樣的境界，也讓民間流傳「廣恆信定店不漏針」的說法。而這樣的故事，在晉商中比比皆是。

晉商發展之初，大多採取合夥經營的方式，合夥經營之所以成功，靠的就是誠信的經營理念。譬如稱雄旅蒙貿易兩百年之久的大盛魁商號，一開始是由晉中商人王相卿、祁縣商人張傑等人聯合創辦的。在銀兩做為流通貨幣之前，大盛魁生產的磚茶竟然被當作交換用的貨幣，凡是大盛魁出售的茶、絲、煙等，蒙民及俄商出賣的馬、牛、羊、駱駝、藥材等，皆可換算成磚茶若干塊，然後再結帳。大盛魁的信用可見一斑。

晉商的票號多是東家出資、掌櫃經營的運作模式，兩者之間靠「信義」維繫良好關係。對於金融業來說，信譽更是立業之本。以日昇昌票號的事蹟為例，清朝末年，平遙城內有個討吃要飯幾十年的窮老太太，某天拿著一千二百兩的匯票前往日昇昌票號要求兌付白銀。這張匯票與存款時間相隔了三十幾年，但日昇昌查驗無誤後，立即如數兌付了現銀本息給這個討飯的老太太。原來老太太年輕時，丈夫到張家口做皮貨生意，賺錢後辦成匯票，卻在回家途中染病身亡。幾十年後，老太太整理丈夫當年留下的唯一遺物——一件夾襖——無意在夾襖中發現了匯票。這件事讓日昇昌童叟無

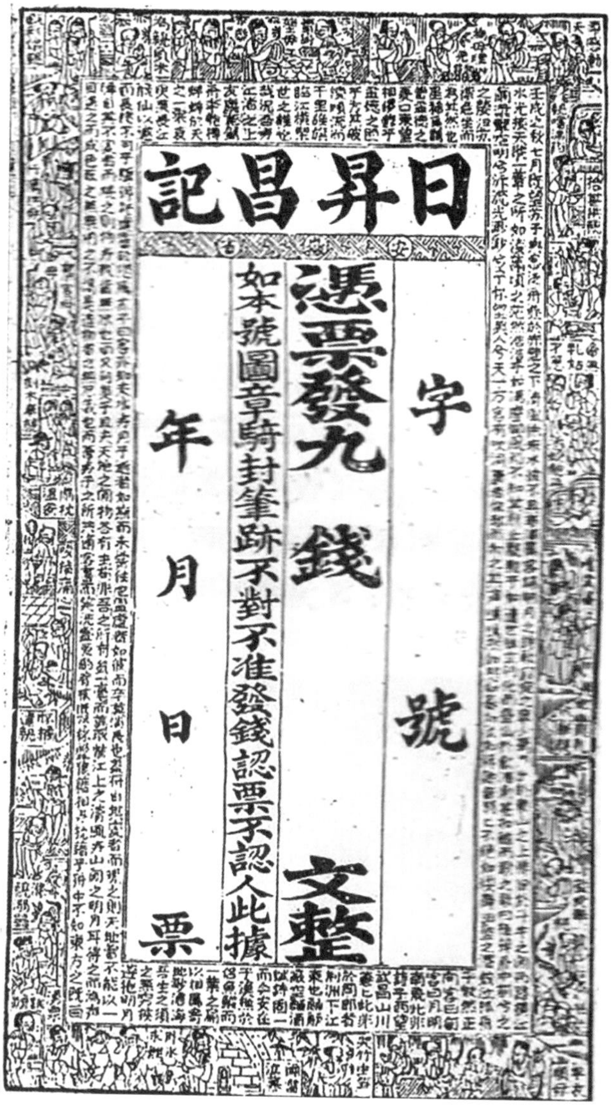

「日昇昌記」紙幣票樣，上海歷史博物館藏

欺、誠信為本的聲譽大振，業務愈加紅火，事業如日中天。

一九〇〇年，八國聯軍攻占北京，豪門望族倉皇出逃，隨身攜帶的只有山西票號的存摺，一到山西便紛紛跑去票號兌換銀兩。然而，山西票號同樣損失慘重，設在北京的分號不但銀子被劫掠一空，甚至連帳簿也付之一炬。沒有帳簿，山西票號原本可以向儲戶言明自身難處，等總號重新清理帳目之後再做安排，但以日昇昌為首的山西票號卻沒這麼做，只要儲戶拿出存銀的摺子，不管銀兩數目多大，他們一律立刻兌現。就這樣，沒有帳簿只有存摺，同樣堅持兌換的山西票號以不計後果的舉措，向世人昭示了「誠信」兩字在票號業中至高無上的地位。戰亂過後，當山西票號的北京分號重新開業時，人們紛紛將積蓄放心地存入票號，甚至連朝廷也將部分官銀交給票號匯兌、收存。

山西票號紅紅火火長達一個多世紀，其宏偉業績和經營之道，至今仍能帶給我們莫大的震撼和啟迪。

處世方面，晉商同樣極其看重為人之道，認為做生意的本質就是做人，因此人品最重要。從古至今，很多商業實踐都證明，商業的成功與高尚的品德密不可分，商人只有具備高尚的品德，才能享受真正的成功和永久的快樂。

做人的修養上，晉商也表現出了誠實忠厚的一面，所以人們喜歡與之交往。他們講求的是贏取回頭客，「生意沒有回頭客，東家夥計都挨餓」。凡事不做過分，不做法外生意，不能一刀子把客人宰死，不做一錘子買賣。晉商和同業往來時，既保持公平競爭，也相互支持與關照。這點從借債態度看得最清楚。做生意難免有短缺之時，互助借貸是常有之事。如何對待借債，對於商家和個人的品格，都是一大嚴峻考驗。

名震天下的山西祁縣喬家有「天下第一喬」美名，他們對待債務的態度是：該外的一文不短，外該的聽其自便，足見其胸懷寬闊和品格高尚。有家商店關門大吉時，尚欠喬家的復盛公商號一千兩銀子，復盛公的經理就去那家店裡拿了一把斧頭，以此做為借債人還了債的標誌。還有一家商號倒閉時欠復盛公五萬兩銀子，該店經理登門向喬老爺請罪，喬老爺只是安慰，並不追究欠債。喬家實際上藉此做了個永久的「活廣告」，聲譽愈傳愈廣、愈傳愈牢靠，財源也滾滾而來。喬家的復字號商號之所以長盛百年，關鍵就在不圖非分利潤，靠信譽贏得長期客戶。凡復字號的商品，必是品質保證、價格公道，決不會以次充好，缺斤短兩，使客戶蒙受損失。復字號就是信譽的保證。

有一年，喬家復盛油坊名下的通順號從包頭運了大批胡麻油往山西銷售，經手店員因貪圖厚利，竟在油中摻假。此事被掌櫃發覺後，上報喬致庸。喬致庸命掌櫃連夜撰寫告示，貼遍全城，詳細說明摻假事宜，與此同時，凡近期在通順號購買胡麻油的顧客，都可以回店全額退銀，以示賠罪。寧可忍一時利益之痛，也要大力挽回商譽，保證長期的持久利潤和品牌信譽。喬致庸並以此事教育員工，商家雖要追逐利潤，但絕不能做損人利己之事。這次胡麻油事件雖然讓商號蒙受不少損失，但因其誠信不欺，故而信譽昭著，復字號的油成為信得過的商品，近悅遠來，生意更加興隆。

又如喬家的復恆當鋪，門面並不大，但非常注重服務態度，典當物的定價比其他當鋪都高。全年營業，大年初一也不休息，甚至規定除夕夜通宵營業，次日天明的第一筆交易叫「天字第一號當」，當戶要多少錢就給多少錢，不打折扣，在當地商譽極好。

有一次，復恆當鋪的櫃檯夥計疏忽大意，把一件狐皮大衣誤識為羊皮襖讓人給贖走了。等到狐皮大衣的當主來贖回時才發現出了差錯。報給大掌櫃知道後，掌櫃立即召集夥計訓話，強調贖錯當是當業大忌，關係本鋪名聲，一定要徹底清查，糾正錯誤。於是全體夥計夜以繼日核對每張當票和帳簿，逐人逐事回憶當時情況，經過地毯式仔細調查，總算發現了一點線索，把錯贖的範圍縮小到臨城的幾個村子。大掌櫃旋即親自率人前往附近農村調查，幾乎把那幾個村子裡當過皮衣的人家都篩查了一遍，終於查出錯贖戶是北谷豐村的一位范姓農民。大掌櫃拿上羊皮襖送到范家，一進門就連聲檢討，說錯在復恆當鋪，絕不能怪范家。狐皮大衣取回後，大掌櫃同樣親自送還原主，並對錯贖做了一定金額的賠償。這件事很快就在祁縣內傳開，復恆當鋪不僅未因出了差錯而影響業務，名聲反而更響亮。既體現了商人靈活的經營手腕，又表明了把聲譽視作生命的經商美德。

徽商——以德治商，以信接物

徽商以「賈而好儒」著稱，是儒商中的典型。很多徽商本身就是理學鴻儒、詩人、畫家、金石篆刻家、書法家，並且往往是官商一體。從窮山惡水走出來的徽商，為何能在天南地北落地生根、立於不敗之地？核心就在於「以德治商，以信接物」的儒商經營理念。

徽商在經營時，把誠信當作行為準則。明嘉靖年間的徽商鮑雯極佳地總結了徽商的成功要義：「雖混跡廛市，一以書生之道行之。一切治生家智巧機利悉屏不用，唯以至誠待人，人亦不君欺，久之漸至盈餘。」他們以「書生之道」起家，以誠待人，以信服人，博得顧客的信任，最終成就大業。徽商吳南坡也說：「人寧貿詐，吾寧貿信，終不以五尺童子而飾價為欺。」他出售的「南坡布」貨真價實，深受顧客歡迎。徽商是這樣說的，也是這樣做的，「寧可失利，不願失義」為其信條。

清代商人黃應宣善於把握買賣的有利時機，但以十分之一的微利為限，薄利多銷，惠顧買家，以仁義誠信經商，從不巧取豪奪，因此生意興隆，財源旺盛。更難得的是，黃應宣以義生財後，還能以利行義，賑災濟貧。鄉里有貧民或災民急需用錢時，往往寫好借據到他門上求借，他每次都慷慨借予，卻從不收借據。借貸人問為什麼不收借據，他說：「與其等你們走後我再撕掉它，還不如現在就不收它。」義名傳遍鄉里。又如徽商朱文熾販新茶去珠江，由於抵達時錯過了商機，新茶成了陳茶，因此他在買賣時，總在所售茶葉上寫明「陳茶」兩字，大大影響了價格。有人力勸朱文熾將「陳茶」兩字撤掉，他執意不允，儘管損失了一大筆利潤，卻在顧客心中樹立了誠信的形象。

再如，徽商詹元甲在外地經商，遭遇當地大災，嚴重缺糧。當地太守委託詹元甲帶二十餘萬兩白銀前往外地採購糧食。抵達採購地後，旅店主人告訴詹元甲：「此地買米，例有抽息（回扣），自數百兩至千萬，息之數，視金之數。今君挾巨貲，可得數千金。此故例，無傷廉。」拿回扣是本地商貿活動的慣例，回扣金額以貨款多少而定，從數百兩至千兩、萬兩。拿二十餘萬兩買米，可得回扣數千兩，這是按慣例辦事，無損廉潔聲譽。面對鉅額回扣的誘惑，詹元甲說：「今饑鴻載途，嗷嗷待哺，予取一錢，彼即少一勺，瘠人肥己，吾不忍為。」認為現今饑民遍地，自己若截取錢財當成回扣，饑民們就要少吃一頓飯，對待別人吝嗇，對待自己貪婪，不忍心做這種損人利己之事。類似事例在徽商中不勝枚舉。

鐵畫《鐵打丹青》，徽商博物館藏

徽商之所以能成為明清時期的大商幫之一，很重要的原因就是他們「以德治商，以信接物」的經營之道。他們不惑於眼前小利，崇尚信義，誠信服人，市不二價，童叟無欺，反對狡詐生財，處處「種德」。比如清代商人程家第。

程家第是安徽休寧人，店鋪經營宗旨是「以信義服人」，在生意往來中誠信不欺，講求信義。但是開張一段時間後，未能贏利，有人便對他說，經商這事大有學問，你這樣老老實實的，怎麼行？必須用些計謀，使些權術才行。程家第不同意，說：「世上白手起家的商人很多，他們最終都能致富，難道都是靠歪門邪道而發跡的嗎？」他推崇經營有道的陶朱公范蠡。范蠡幫助越國滅掉吳國後，急流勇退，改名換姓，離開越國，前往定陶一地置產定居，做起了生意，人稱陶朱公。范蠡看準時機進貨，對人講信義，賺到的錢分給貧困的兄弟，仗義疏財，富而行德，贏得了極佳聲譽。范蠡的子孫也繼承了這種經營之道。程家第認為，靠要奸使壞是不可能成為陶朱公的，一定要堅守信義，以信接物，以誠待人，至於賺錢與否，聽之任之吧。程家第剛開始時確實沒有獲利，甚至還受了些損失，但他的誠信換來了顧客的稱讚，人人都知道他以信義經商，公平買賣，上門顧客愈來愈多。程家第的兒子程之珍接管父親的店鋪後，承襲「以信義服人」的經營理念，一直生意亨通，財源茂盛，終至家資數萬，成為富商。

從經營的角度來說，商家與顧客的關係是互惠互利、相互依存的，想要「雙贏」，就不能貪圖眼前之利而投機取巧、欺詐顧客，否則就是自欺欺人，最終坑

著名老店張一元

害的還是自己。

誠信的傳承

不只晉商、徽商，中國商人從古代到當代，都把「誠信」奉為經營之道的根本原則。創建於清康熙年間的北京同仁堂藥店是享譽海內外的老字號，創建之初，創始人樂顯揚就把「可以養生，可以濟世者，唯醫藥為最」奉為創辦宗旨，對內以誠相待，對顧客童叟無欺。至今，同仁堂員工仍把「修合無人見，存心有天知」當作製藥法則。在「無人見」的情況下，仍然誠心製藥。風雨兼程三百年的同仁堂之所以名列中國中成藥五十強之首，被譽為天下第一中藥店，靠的就是誠信。放眼明、清、近代以降的老字號店鋪，都以貨真價實、童叟無欺為座右銘。清人歐陽兆熊在其《水窗春囈》中寫道：「著名老店，如揚州之戴春林，蘇州之孫春陽，嘉善之吳鼎盛，京城之王麻子，杭州之張小泉，皆天下所知。……然此各家，得名之始，亦只循『誠理』二字為之。」

如今的物質水準空前提高，在現代商業活動中，誠信仍然是經營之根本，但失信作偽的情況卻愈加頻繁，利用高科技造假引發的犯罪現象層出不窮，出現了全球性的誠信危機。比如美國最大的能源交易公司安隆公司，二〇〇一年因虛報六億美元盈利，震驚華爾街乃至全球金融界；二〇〇二年，華爾街頂級投資銀行美林證券濫用投資者的信任弄虛作假，被推上被告席，最後以一億美元罰金大

著名老店王麻子

事化小。又如日本火腿公司是日本肉製品企業的龍頭老大，向來深受消費者信賴，卻將日本政府因為狂牛病而宣布禁止進口的外國牛肉，當作國產牛肉轉售給國家牛肉收購機構，從中牟取暴利。三菱、鈴木等日本汽車廠商近年相繼爆出燃油率造假，安全氣囊廠商高田公司也假造測試資料，深陷「誠信門」，令「日本製造」蒙羞。

在中國，隨著改革開放愈加深入，人民的生活水準提高，對金錢的欲望也隨之膨脹，為逐利而導致誠信缺失的事例層出不窮。以南京冠生園為例，本是個有著近百年歷史的知名老字號企業，卻從一九九三年開始用陳餡製作月餅，二〇〇一年中秋節前夕被中央電視臺揭露後，不得不向南京市中級人民法院申請破產保護。二〇〇四年，終以低至八百一十八萬元人民幣的成交價拍賣，說明了它在人們心中的價值。

誠信危機是世界性問題，這也許是市場經濟發展、社會進步過程中不得不面對的。誠信在儒家文化中占有重要地位，而儒家文化是中華文化的根基，深刻影響了中國兩千多年，在現代商業活動中，商人只要生在中國、長在中國，不可能不受到儒家文化思想的薰染，如今的儒家文化更與各種外來文化逐漸整合，以一種上善若水的包容精神變得更深、更高、更廣，當代的中國商人不僅秉承著儒家傳統美德，還具有全球化視野和現代化管理意識，可稱為「新儒商」。

現代商業活動中，新儒商們應以儒家的「誠信」原則樹立企業形象，贏得信譽。「誠信無欺」這一道德原則，在商業活動中至少體現於四個方面：一是品質。在激烈的市場競爭中，只有貨真價實、信譽好的產品才有立足之地，任何假冒偽劣產品都會失信於顧客，產品品質是商家贏得社會信譽的根本保證。二是廣告。做廣告應該實事求是，名副其實地宣傳自家產品，不可誇大其詞，更不可以假充真，以次充好，欺騙顧客，任何虛假廣告都會使商家喪失信譽。三是價格。不可漫天要價，更不可哄抬物價，商家一旦在商品價格上失去信譽，就會失去顧客，宛如自殺。四是契約。只有信守契約，講究信用，才能維護商家之間、商家和顧客之間的良好關係。如此這番，才能樹立良好的商業形象，取得顧客的信任。

商人也是謀略家

儒家樂智

智，在先秦的典籍中，與「知」通用。《論語》中「知」和「智」出現高達一百一十六次。在孔子所處的春秋時代，知、智表達知識、智慧的含義，到了孟子所處的戰國時代，知、智則有所區分，表達智慧之意多用「智」。漢儒董仲舒把智列為儒家五常之一，而這個智字，就是孔子所用的知。孔子強調君子有「三達德」，以智為先。儒家的五常也包含「智」。可見，智做為一種智慧、道德，是儒家人格培養的重要內容，也是商人人格修養的第一等功夫。

《論語．季氏》寫道：「孔子曰：『生而知之者上也；學而知之者次也；困而學之又其次也；困而不學，民斯為下矣。』」意思是說，天生就聰明的是最上等；學習後才明白的是次一等；實踐過程中遇到困難才學習的再次一等；遇到困難還不肯學習，這種最下等。孔子說過：「我非生而知之者。」並不把自己歸為「上智」類，說自己位於中間，是學而知之。學，是儒家的人才培養路徑，也是君子的成才路徑。孔子一輩子都努力「溫故而知新」，把重點放在「學」。孔子讚賞自覺主動學習的人，批判被動、受迫而不學的人。

那麼，學什麼呢？儒家教育的內容從知識方面來說，仁人君子應「博學於文」；在知識結構上，應具有「文、行、忠、信」，又稱「四教」。孔子之學在具體課程安排上，是詩、書、禮、數、射、御，用現在的話來說，涵蓋了文學、書法、政治、數學、體育等學科和課程。當然，身為政治哲學的傳授者，孔子傳授的知識以道德居首。

由此可見，「智」這一概念，既有道德論意義，也有認識論意義。

道德論範疇的「智」，指的是明是非、辨善惡。孔子認為，有智慧的人能夠認識道德對於個人和社會的積極意義。一個人只要立志於學問，敏而好學，學而不厭，就可以增長智慧，遇事不迷惑，處事更自如。《論語・子張》寫道：「博學而篤志，切問而近思，仁在其中矣。」把認真學習、勤於思考的行為，視為提升道德修養的過程。換言之，對於真正的智者來說，道德既是最高的知識和學問，知識和學問也是提升道德水準必備的前提。

認識論範疇的「智」，指的是識利害、明事理。《論語・里仁》說「知者利仁」，意思是有智慧的人知道仁對自己有利而行仁德之事。除此之外，還包括對事物之理的正確認識。《論語・公冶長》說「聞一以知十」，《論語・述而》說：「多聞，擇其善者而從之，多見而識之，知之次也。」意思是多聽，選擇其中好的來學習；多看，然後記在心裡，這是次一等的智慧。這些都是從認識論角度來闡述智的意義。

要成為智者，還要善於自省、自知，善於察人、知人。《論語・顏淵》中

閻立本《孔子弟子像》局部

說：「（樊遲）問知。子曰：『知人。』」人貴有自知之明，即要求自己清楚認識自身的長處和短處，更要認識到自己的過錯。知人，就是要善於識別賢佞，選拔賢才，做到「知者不失人，亦不失言」。

綜上可見，儒家將「智」的標準明確為博學、審問、慎思、明辨、篤行。儒家認為，只有有知識、有智慧的人，才能實現「仁政」。智在儒家學說中占有重要地位，是最基本、最重要的德目之一，也是儒家理想人格的重要品質之一。

商人的智慧

中國傳統商業與儒家思想之間，有著千絲萬縷的聯繫。儒家學說本來是一種政治理想、政治學術，主要功能是運用道德理想主義行王道之政，也是士大夫遵行的入世為官學說。隨著儒家思想在社會廣泛傳播，漸漸地為中國商人接納，進而成為傳統社會中優秀商人奉行的經營哲學。儒與商結合，即是儒商。儒家樂智，在商業領域，智體現於商人的經商能力和經營理念。深受儒家思想影響的中國古代商人，經商能力和經營理念也深深烙上了儒家思想的印記。

雖然古代「重農抑商」的傳統觀念很嚴重，以至於任何一個從商者都可能被斥為「捨本逐末」，但「天下熙熙，皆為利來，天下攘攘，皆為利往」，商業經營的巨大利潤和其本身擁有的魅力，還是吸引了眾多英雄為之「競折腰」。商海沉浮的背後，凝聚了中國傳統商人的經營智慧和適於中國人的經商理念、經商視角。至少從官方政策來看，商業在古代中國並沒有繁榮發展的土壤，且商人做為四民之末，處於社會最底層，但他們卻憑藉著膽識、眼光、智慧與力量，創造了中國商業史上一次次輝煌。接下來就讓我們領略一下儒家思想影響下的中國傳統商人經商智慧。

積著之理

《史記．貨殖列傳》：「積著之理，務完物，無息幣；以物相貿，易腐敗而食之貨勿留，無敢居貴。論其有餘不足，則知貴賤。貴上極則反賤，賤下極則反貴。貴出如糞土，賤取如珠玉。財幣欲其行如流水。」

夏商周時期，手工業和商業由國家壟斷，手工業者和商賈都是歸官府管的奴隸，生產和貿易都必須按照官府的規定和要求。官府設立了「工商食官」負責統一管理手工業者和商賈，提供衣食給他們，驅使他們為官府服務。春秋戰國時期，「工商食官」的格局被打破，出現了自由的大商人，商業較之前已有很大發展，也讓商業思想開始活躍起來，出現了較具系統的經商理念，好比「積著之理」，就是此時期出現的經商富國相關理論。

春秋末年，越國敗於吳國，幾近亡國。越王句踐聽從范蠡和文種等人的計策，臥薪嘗膽，勵精圖治，經過二十年艱苦努力，終於轉弱為強，滅吳稱霸。范蠡則急流勇退，棄官從商並名揚天下。范蠡的師傅計然總結了經商致富的道理，形成「積著之理」，是中國古代最早的經商原則。范蠡將其用於指導商業經營活動，結合自己經商實踐的經驗並加以提煉，形成了一套理論。

做為私人經商致富之學的「積著之理」，基本原則之一是「務完物，無息幣」。所謂「務完物」，指的是在商業貿易的買進賣出中，要嚴格注意貨物的品質，務必使所經營的貨物保持完好；

「無息幣」指的是不要讓貨幣滯留在手中。商人為了取得利潤，必須加快商品流通的速度，與此相應，貨幣也必須不停流動，這就是所謂的「財幣欲其行如流水」。從一定意義上說，不斷地買進賣出，正是商人資本的存在形式，這個過程如果中斷，意味著商人資本生命的停頓。然而，買進賣出此一過程能否順利進行，一個重要因素就是貨物的品質。商人若想讓商品順利售出，從而獲得利潤，不得不重視貨物的品質。要實現「務完物」，就要「易腐敗而食之貨勿留」，即容易變質的食物要盡快脫手，不能留在手中，因為這類貨物稍有不慎，就會變質，失去交換價值。

「務完物，無息幣」從一般意義上提出了資本在流通中必須恪守的原則，這對商人來說無疑十分重要。但僅有這個原則，並不足以指導商人的實際商業活動，因為該原則並沒有考慮市場因素。唯有掌握市場變化的一般規律，「務完物，無息幣」才得以充分實現，也才有實際意義，所以范蠡針對市場變化的規律性做了一番探索和概括，提出「與時逐」原則。所謂「時」，主要是指市場行情的變化。先秦諸子都重視「時」，但他們所謂的「時」，一般多指農時，即農業季節，如孔子說的「使民以時」。畢竟當時社會的主要經濟形態是農業，因此富國、富民思想都以強本、重農為著眼點。然而，商人的富家途徑並不是務農而是經商，所以他們關心的「時」，主要是市場行情變化的趨勢和規律性。「與時逐」是指認識並利用這種趨勢和規律，掌握賤買貴賣的最佳時機。

「積著之理」還認為，應該透過商品的數量多寡來預測其價格的增貴或趨賤。某一商品價格太貴了，會有人大量生產或運來而造成積壓，進而跌價；太賤了又會因無人生產、運輸而造成價格回漲。商品價格昂貴時，應將自己的存貨像糞土一樣拋售，不要想留著等待更高的價格；商品價格低賤時，則需將其視為金玉等寶物，立刻收購。總之，要使貨物與貨幣像流水般經常流轉和運行，才能達到獲取較高利潤的目的。

「積著之理」實際上具有辯證統一的內在聯繫，其關鍵在於「積」與「售」的關係。「售」是「積」的目的，「積」是「售」的準備。積貯的貨物，務求高品質之物，買賣東西千萬注意不留存易腐蝕、易腐爛之物，不冒險囤積以待高價，不讓貨物積壓而造成損失。

「積著之理」具有重要的實用價值，是古今商人視為珍寶的生意經和經商之道。計然和范蠡這一理論在春秋戰國時期的商貿經營領域產生過巨大的影響。范蠡運用「積著之理」，「候時轉物，逐什一之利。居無何，則致貲累巨萬」，最終「天下稱陶朱公」。換到今日，做好市場預測，及時把握商品流轉的規律，妥善打點供需關係，處理好囤積與銷售的關係，強化商品和貨幣的流通，同樣是經營有方、生財有道的明智之舉。

人棄我取

《史記．貨殖列傳》：「當魏文侯時，李克務盡地力，而白圭樂觀時變，故人棄我取，人取我與。」

說到「人棄我取，人取我與」，不得不提到白圭。前文已簡單介紹過白圭，這裡要說明他的著名商業理論。白圭身為中國商人中最早的商業理論家，被譽為「天下言治生祖」，足可見其經營之術對後世影響深遠。早在幾千年前，白圭就

范蠡畫像

已洞察了商品經營背後那些鮮為人知的規律，非常可貴。「人棄我取，人取我與」就是他最著名的理論。

人棄我取，指的是商品供過於求時，趁機大量買進人們不願意問津的商品。白圭顯然和范蠡一樣，深諳「賤下極則反貴」的道理，趁著供過於求、價格低廉時買進，等到該商品供不應求時，再以市價售出，獲取利潤。人取我與，指的是自己手中存貯的某些商品供不應求，人們紛紛買進、價格大漲時，應大量出售、平衡市場，與范蠡的「貴上極則反賤」如出一轍。此一經營原則不僅能拉大進貨價和預期銷售價之間的差距，獲得鉅額利潤，客觀上也能讓貨物流通，人們的生活需要獲得及時滿足。

要實現「人棄我取，人取我與」原則，還必須預測行情，樂觀時變。所謂的「時變」，在當時是指農業豐歉將大大影響商品價格和供需。在農副產品經營上，白圭自有一套方法。凶災之年，糧食雖然歉收，其他農副產品卻未必減產，因此會出現豐年的糧價比其他農副產品價格相對較低，災年的糧價比其他農副產品價格相對較高的情況。所以要在豐年買進價格較低的糧食，賣出價格較高的絲、漆、繭；災年賣出糧食，買進帛、絮，運用市場規律，正確取捨，以此從年歲豐歉和季節差異所造成的價格變動中獲取利潤。

白圭認為，經商一定要掌握時機，運用智謀，他曾說：「吾治生產，猶伊尹、呂尚之謀，孫吳用兵，商鞅行法是也。是故其智不足與權變，勇不足以決斷，仁不能以取予，彊不能有所守，雖欲學吾術，終不告之矣。」意思是做買賣要像伊尹和姜太公那樣有計謀，如孫臏和吳起那樣善於判斷，還要像商鞅執法那樣說到做到。有些人的智慧無法隨機應變，勇敢不足當機立斷，仁愛無法恰當取捨，倔強不能堅持原則，這樣的人即便想來找我學經營之道，我也不會教他。上述這段話把白圭的商業智慧闡述得淋漓盡致，其經商原則和經驗不只為後世商人稱道，也非常值得現今的企業家借鑑。

從白圭的經營策略和成效不難發現，身為一個商人，如果人云亦云，盲目跟風，很有可能一敗塗地；在別人貪婪時謹慎，在別人恐懼時大膽，冷靜觀察市場變化，保持對市場的警惕和預見，人棄我取，人取我與，才是成功的前提。此外，說到商人，我們往往想到無商不奸，囤積居奇，但白圭要求企業經營道德，反對贏小利鑄大害的做法，主張薄利多銷，這點同樣非常值得當代企業經營者借鑑。

出奇制勝

中國傳統文化講究「以和為貴」，中國傳統商人也注重在和諧中求發展。然而，商場如戰場，競爭十分激烈，商人得具備出奇制勝的商業智慧才行。事實上，「出奇制勝」一詞正是出自《孫子兵法·兵勢》：「凡戰者，以正合，以奇勝。故善出奇者，無窮如天地，不竭如江海。」意思是出奇兵戰勝敵人，用對方意料不到的方法取得勝利。

《韓非子·說林下》裡有一則「宋賈買璞」的故事：「宋之富賈有監止子者，與人爭買百金之璞玉，因佯失而毀之，負其百金，而理其毀瑕，得千鎰焉。」

宋國有一位名叫監止子的富商，同別人爭買一塊價值百金的「璞玉」，監止子知道這是一塊質地上乘的璞玉，又不想出高價購買。因為此時若出高價，勢必使自己陷入彼此抬價的爭吵之中，甚至會使賣璞者以為奇貨可居而不願出售。於是，他假裝失手，將璞玉摔在地上。璞玉碰壞了，爭購者也不再爭了，監止子便按大家出的「百金」購得了這塊璞玉。回家後，他將毀壞的地方稍加修理，此玉便成了一塊品質上乘的美玉，竟賣得「千金」，獲得了十倍的利潤。

韓非子非常讚賞監止子的智慧，評論：「事有舉之而有敗，而賢其毋舉之者，負之時也。」意思是說，做任何一件事情都有勝、負兩種可能。若只看到失敗、賠錢而不去做，將失去商機。監止子若只想到賺錢，而不去設計購得這塊璞玉，又怎麼能獲取「千金」的利潤呢？這種善於捕捉商機、出奇制勝的靈活態度，值得商人們學習。當然，這種為達目的不擇手段的做法，仍待商榷。

商業經營必須求新求變，出奇才能制勝。如今中國茅臺酒屬於上乘之酒，被稱為「國酒」，但茅臺酒的名聲是如何打響的呢？這不得不提到一九一五年的巴拿馬萬國博覽會了。當年博覽會上人潮湧動，在中國館駐足的人卻不多。在那時的西方人眼裡，中國又貧又弱，沒什麼值得「博覽」的好東西。一連好幾天，門可羅雀，中國商人無不暗暗叫苦，特別是一位來博覽會展銷茅臺酒的貴州商人更是焦灼無比。看到這樣慘澹的景象，他苦苦思索著對策。又一群外國人從鄰近展館湧出時，他靈機一動，捧起一瓶酒，故作失手，「嘩啦」一聲，摔碎了酒瓶，剎那間一股特殊的芳香悠悠飄散開來。一片驚異的讚嘆聲中，外國酒商紛紛湧上前來。雖然地板很快就擦乾了，但數天過去，中國館展場內依然香氣不絕，沁人

一九一五年巴拿馬萬國博覽會的中國館牌樓

心脾，中國茅臺酒一摔成名，從此一鳴驚人，走向世界。

一九六〇年，美國化妝品製造商雅詩·蘭黛（Estée Lauder）想把自家產品從美國推銷到歐洲去，但歐洲高級商店卻不願接納。有一天，她來到巴黎一家百貨公司門口，只見下班時間的購物人潮川流不息，便抓住時機將十多瓶「青春之露」（Youth-Dew）香氛打碎在百貨公司地板上，芬芳馥郁的香味一下子飄散開來，再加上後來報刊記者撰文大力宣傳，「青春之露」名震巴黎，熱銷七十多個國家，在國際化妝品市場獨占鰲頭。

不管是中國的茅臺酒，還是美國的「青春之露」，都體現了《孫子兵法·兵勢》「凡戰者，以正合，以奇勝」的策略。當然，使用這個策略時一定要妥善處理「正」和「奇」的關係。「正」是制勝的保障，「奇」是制勝的關鍵。無「正」之配合，就無「奇」之制勝。一方面，「正」是基礎的，「正」是常規的，用「正」是用兵的基礎，用「奇」是用兵的關鍵。出擊時想用「奇」成功，平時就要有效地用「正」，即用正規之法積蓄力量，才可能用奇招一舉成功。如果茅臺酒本身沒有好品質和鮮明特色，摔壞多少瓶，用多少奇招都沒有任何意義。

知己知彼

「知彼知己，百戰不殆」，這是《孫子兵法·謀攻》總結出來的實戰寶貴經驗。求勝關鍵在於做好充分準備，而在所有的準備工作中，正確的策略和謀略最重要。對於商業經營者來說，這也是行之有效的至理名言。「知己知彼」要求商人了解和掌握外部環境和自身兩方面的情況，然後做出科學的決策。

外部環境含括很廣，主要有自然條件、政治動向、社會風尚、經濟狀況、市場需求、競爭對手等情況，只有對外部環境有準確客觀的把握，商業經營的每一步才可能做到有的放矢。近代以來，在重商思潮的影響下，由鄭觀應等商人和士大夫提出的「商戰」思維，就有效運用了「知己知彼」戰術。

「欲攘外，亟須自強；欲自強，必先致富；欲致富，必首在振工商；欲振工商，必先講求學校，速立憲法，尊重道德，改良政治。」這幾句話是鄭觀應大半生著述的思想結晶，把「攘外」做為救國的頭等任務，把「振工商」視為富強的根基，把「速立憲法」當成達到富強的政治保證，認為兵戰固然不可忽視，但兵戰是「末」，商戰才是「本」，商戰重於兵戰，絕不能「舍本而求末」，並從商戰這

個根基出發，提出了建立工業體系以保證商戰勝利的見解。

鄭觀應在著作《盛世危言》中總結自己的商戰思想，主張中國若想效法西方開展商戰，就必須標本兼治：「我中國宜標本兼治，若遺其本而圖其末，貌其形而不攻其心，學業不興，才智不出，將見商敗，而士、農、工俱敗，其孰能力與爭衡於富強之世耶？況乎言富國者必繼以強兵，則練兵、鑄械、添船、增壘無一非耗費鉅款。而府庫未充，賦稅有限，公用支絀，民借難籌，巧婦寧能為無米之炊？亟宜一變舊法，取法於人，以收富強之實效。一法日本，振工商以求富，為無形之戰。一法泰西，講武備以圖強，為有形之戰。知己知彼，戰守無虞，自然國富兵強，何慮慢藏誨盜？豈非深得古人『能富而後可以致強，能強而後可以保』之明效

福建船政碼頭造船

也歟！」

鄭觀應認為工業的強大取決於使用先進的機器和技術，相當注重學習西方的科學技術、引進先進的機械裝備。而且為了不受外國人挾制，單靠購買和引進技術不夠，必須自己製造這些機器，早在十九世紀八〇、九〇年代就提出設置專廠製造民用機器的建議。為了使工商業順利發展，發揮資本的作用，他主張自己辦銀行，解決生產和流通中的矛盾，促使商品和資本加快周轉，可見對整個生產和流通過程都做了周密的考慮。然而，想把工廠、礦務、交通運輸、銀行辦好，關鍵在於擁有足夠的新式管理手段和技術人才，否則「借才異域」，不僅受人挾制，工薪又高，還增加了產品成本，所以他不斷大聲疾呼應重視創辦學校、培養人才。綜上可知，鄭觀應的商戰思維脈絡相當完整，我們說慣了「知己知彼」，但真正的「知彼」不是學理層面上的，而是要像他一樣，有深入其中的實際體驗——「初則學商戰於外人，繼則與外人商戰」。

現代商業中，「知己知彼」的重要性更加凸顯。現代企業的發展不僅依賴外部環境，企業自身也很重要，如企業的物質條件、銷售狀況、經營管理水準、應變能力等。這些都屬於「己」，自身發展健康、向上、超前，企業的經營發展自然後勁強大。另一方面，企業自身的強大宛如企業發展的內功，但僅有內功不夠，還需要能夠掌控外部環境和條件的外功，一間企業唯有練好內功和外功，對「己」和「彼」的各方面、各環節都瞭若指掌，才能做到孫子說的「動而不迷，舉而不窮」，揚長避短，提高決策的自覺性，減少盲目性，沿著正確的道路順利經營，在激烈的市場競爭中立於不敗之地。

第二章

鄉土與商緣——明清商幫文化

明清十大商幫

由前文可以看出，中國人的經商史源遠流長，幾千年的漫長發展積累了豐富的商業文化，湧現出許多名商大賈。計然、白圭、范蠡、子貢、呂不韋、沈萬三、喬致庸、雷履泰、胡雪巖、虞洽卿、陳光甫等人在商場上深謀遠慮，運籌帷幄，最終成了富甲天下的大商人。

明清時期，中國商業達到鼎盛，出現了十大商幫：山西商幫、陝西商幫、徽州商幫、寧波商幫、龍游商幫、洞庭商幫、江右商幫、福建商幫、廣東商幫、山東商幫。其中又以山西商幫、徽州商幫、龍游商幫、洞庭商幫和廣東商幫影響較大。

山西商幫是十大商幫之首，商號曾經遍及全中國各地，並延及日本、阿拉伯、東南亞。雄霸商界五百年之久的山西商幫創造了不朽的輝煌，出了喬致庸、雷履泰等商界名人，山西的太谷縣則成為中國北方的金融和商業中心，有「白銀谷」美譽，甚至被外國人稱為「中國的華爾街」。在那個商幫四起的年代，晉商占據鼇頭，獨領風騷。

徽州商幫做為明清一支著名的商業勁旅，活躍於大江南北、黃河兩岸，乃至南洋和東瀛，「無徽不成鎮」，引領中國商業經濟潮流，保持了三、四百年的鼎盛輝煌，幾執商界牛耳，也湧現出胡雪巖、張小泉等巨賈名商，就連乾隆皇帝也為之感嘆：「富哉商乎，朕不及也！」

龍游幫、寧波幫是晉、徽兩大商幫之後勢力最強的地緣性商人群體，在海內外商場上十分活躍、成就卓著，「無寧不成市」、「遍地龍游」，出現了虞洽卿、張元濟、朱葆三、黃楚九、劉鴻生等天才商人。發展到今天，「浙商」橫空出世，散居各地的浙江村、溫州城、義烏街，以馬雲為首的福布斯中國富豪榜上強大的浙商軍團，無一不向世人宣告：浙商已當之無愧地成為新時代中國的第一商幫。

廣東商幫又稱粵商，由廣東本地的三大民系以及其他民系組成，包括了廣府幫、潮州幫、客家幫、海陸豐幫以及其餘廣東各地幫等。敏感、勤勞、刻苦、務實、低調，這些在粵商身上都有所體現。廣東由於地理位置特殊，毗鄰香港、臺灣及東南亞，是國外先進技術和設備最早進入之地，再輻射全中國，因此粵商自古以來，尤其是近代，在推動中國和世界工商業發展中扮演著重要的角色。

洞庭商幫是以洞庭東西山的山名命名的商幫，又稱洞庭幫、洞庭山幫，是蘇商的主體。東西山地域狹小，分為東山鎮和西山鎮，明末馮夢龍將其總結為「兩山之人，善於貨殖，八方四路，去為商賈」，所以江湖上有個口號，叫作「鑽天洞庭小而強」。

都說中國歷史是一部漫長的封建史，重義輕利的儒家文化和農耕經濟的主流使得市場經濟之花遲遲難以萌發。但事實上，在封建專制不斷強化的明清時期出現了一場「商業革命」，而且在這場「革命」中，十大商幫相繼崛起。勢力最大的晉商和徽商到底經歷了怎樣的盛衰起落？說史自省，讀古明今，接下來就讓我們看看中國商幫的發家之道，剖析其經營邏輯，細辨其成敗得失，其中蘊含的中國式特有經商之道和致富祕訣，對當代商人仍有深刻的啟發和借鑑意義。

晉商家族風雲錄

晉商輝煌五百年。晉商的活動在明清時期達到了鼎盛，富可敵國，開創並一度壟斷了中國票號匯兌業，曾有「中國的威尼斯商人」之稱。事實上，山西省在清朝大部分時間都是全中國最富裕的省分。晉商主要經營鹽業和票號，尤其又以票號最出名。晉商也留下了豐富的建築遺產，如著名的喬家大院、常家莊園、李家大院、王家大院、渠家大院、曹家三多堂等。八國聯軍向中國索要賠款時，慈禧太后掌權的清廷曾向晉商喬家借錢，晉商的經濟實力可見一斑。

晉商的崛起

自然地理環境

晉商的興起，與其所處的地理環境有很大關係。山西省的地形比較複雜，境內有山地、丘陵、高原、盆地、臺地等多種地貌，山區和丘陵又占了總面積三分之二以上。顧祖禹在《讀史方輿紀要》說：「山西之形勢，最為完固。」歷史上雖歷經數度朝代更迭，基本上未受戰亂之苦，社會安定，經濟繁榮，人丁興旺，因此每逢戰亂，難民大量流入，讓山西人口更加稠密。地少人多，為了生存，人們圍湖、毀林造田，黃土高原的生態環境遭到破壞，水土流失嚴重，加上氣候乾燥寒冷，在在讓山西逐漸成為自然環境惡劣之地，水旱災害頻發。清朝兩百多年國祚裡，山西全省性的災害就達一百多次，平均三年一次，其中最長的一次旱災甚至長達十一年。

土地不足以養活日益增多的人口，山西人只能「貿遷有無，取給他鄉」，「一切家常需要之物，皆從遠省販運而至」。乾隆年間，《太谷縣誌》載：「民多而田少，竭豐年之穀，不足供兩月。故耕種之外，咸善謀生，跋涉數千里，率以為常。土俗殷富，實由此焉。」《五臺新志》也有相關記載：「晉俗倍以商賈為重，非棄本而逐末，土狹人滿，田不足以耕也。」可見晉人多因生活所迫，起步經商。從地緣層面分析，山西位於蒙古草原與中原腹地之間，草原上的牧民需要中原的茶、布，中原需要來自草原的牛、馬，如此地理條件，必然會促進貿易往來。

物產資源

山西雖地處黃土高原，自然條件比較差，天寒地瘠，地物鮮少，但地質地貌奇特多樣，氣候類型多變，自古就以盛產煤、鐵、鹽、絲綢和棉布而聞名，也為山西商人的商業貿易提供了重要基礎。

山西運城的鹽池為山西人提供了豐富的天然鹽。運城的鹽又稱為潞鹽、河東鹽。據史料記載：「晉地其南境解州有鹽池，唐虞以來，號為利藪。」中國古代社會長期實行鹽鐵專賣制度，潞鹽一向是由官府透過徭役制徵集鹽丁來經營。北宋實行鹽引制度後，商人可納課領引，販賣官鹽。隨著商人參與販賣，潞鹽產量迅速增加，到了明代中期，潞鹽產量已超過二億八千斤，成為晉、冀、豫諸省軍民用鹽的重要來源。萬曆年間，鹽商多達五百餘家，鹽利豐厚，許多人紛紛走上販鹽一途。

晉商促進了潞鹽的生產和發展，雍正年間，從事潞鹽生產的工人多達兩萬餘人，其手工作坊的規模和水準已超過歐洲同類工廠。部分晉商從運銷潞鹽起家，逐步積累資本。明代出現了家財幾十萬至百萬的鉅賈，如太原府的閻家、李家，襄陵縣的喬家、高家，以及平陽的亢家和河津的劉家等，都是從販運潞鹽開始致富。

說起山西的礦產，首先肯定想到煤礦。事實上除了山西南部，山西省大量的煤礦資源是十九世紀後期才發現的。在這之前，山西領先全中國的是鐵礦，甚至有「產鐵之地十之八九，其不產地十之一二」之說，而且都是含鐵量較高的富礦。鐵礦再加上山西南部早已開採與利用的煤礦，讓山西的冶鐵業發展十分迅速。明代，全中國共有官營冶鐵所十三個，山西就有「吉州二，太原、澤、潞各一」五個，冶鐵坑遍布十九個州縣，產量巨大。其中又以澤州的陽城、潞州的長治為最，這一帶生產的鐵被稱為潞澤鐵，既包括了官用的炮、鐘，也包括民用的鍋、壺、盆等。潞州以生產熟鐵為主，主要用於打造刀、剪、鋤、釘等物，其中又以潞鐵打造的釘子為南方造船所必需。潞澤鐵被販往京城、直隸、山東、遼東等地，經營銅鐵器的潞州商人明代時就在京城創建了潞安會館。乾隆年間，《重修爐神庵老君殿碑記》記載「都城崇文門外，有爐神庵，僅存前明張姓碑版」、「吾山右之賈於京者，多業銅、鐵、錫、炭諸貨」。另一方面，潞州的鐵鍋在明隆慶年間就已經販至張家口馬市，遠銷漠北蒙古地區。

另一方面，山西的氣候條件十分適合發展農桑業，自唐代起就有種桑養蠶的傳統，再加上官府推動，使得潞澤二州的農桑和絲織業發展迅速，成為明代全國三大絲織區之一。明代小說《金瓶梅》中，西門慶送給妻妾的禮物必有「潞綢」，「三言」、「二拍」和其他明代小說裡也經常提到男人送潞綢給妻妾或情人，以及女人們如何讚賞潞綢，無一不說明了在明代，潞綢是送禮時拿得出手的高檔貨，而且已行銷至全中國。既為山西的優勢資源，絲綢、棉布、顏料等相關行業的發展，也對晉商的興起發揮了重要作用。

根據尺寸大小，潞綢有大潞綢和小潞綢之分，並有天青、石青、沙蘭、月白等十四種染色，織工精細，鮮豔奪目，相當受到時人喜愛，甚至被當作皇室貢品。明代官府每十年會在潞安派造皇綢近五千匹，稱為「捐碎璧於寶山，分零璣於瑤海」。潞澤的絲織品也行銷海外，如晉商在張家口開設了「潞州綢鋪」、「澤州帕鋪」，將潞澤絲織品銷往蒙古等地。

山西的棉織業雖不如潞綢有名氣，但對於山西的商業發展同樣具有重大作用。明洪武二十九年（一三九六年），山西供應北部邊塞駐軍棉布五十萬匹，棉花十五萬斤，「以本布政司所徵給之」。成化十八年（一四八二年），山西大旱，布政司庫存三十六萬餘匹棉布，「以給軍士冬衣」。那時田賦折徵棉布，對棉花的需求日增。隨著生產力的發展，棉花和棉布產量大增，需要將多餘的棉布銷售出去，棉花和棉布的長途販運隨之順勢興起。

絲綢業和棉布業的發展推動了染坊和顏料行的興盛。元代在冀城和襄陵兩地各設有織染局，明代承襲元代，稱之為「山西」織染局。平遙縣的顏料商也很著名，甚至在北京設有平遙顏料商會館，著名商號日昇昌的前身就是一家顏料商。

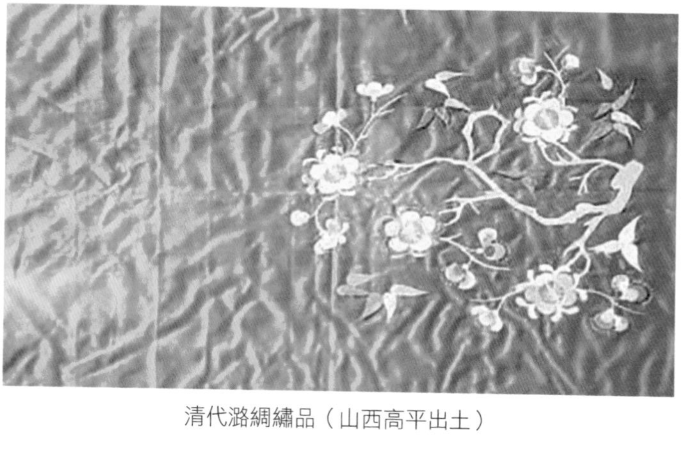

清代潞綢繡品（山西高平出土）

優良的社會環境

明代，商業的社會經濟地位逐漸提高，並隨著商品經濟的高速發展形成繁華的商業網絡。清初，清廷經過數十年治理後，平定了各地叛亂，迎來了拓疆萬里、中外一統的局面。到了乾隆年間，政權鞏固、國家統一，百姓安居樂業，經濟繁榮，文化昌盛，呈現出前所未有的興盛，卻也讓清廷驕傲自大，自以為「天朝物產豐盛，無所不有」，不用與外界互通有無。再加上害怕外國商人與沿海人民往來會不利於自身集權統治，開始閉關鎖國，限制東南沿海的對外貿易。在南方，官府關閉了除廣州以外所有的東南沿海口岸，並收取沉重商稅，在北方的中俄邊境卻恰恰相反，形成了東南封閉而西北開放的對外貿易局面。對俄貿易的發展，使晉商迅速積累了財富。

穩定的政治局面有利於促進生產發展。不同地域之間的資金調撥是否順暢，則是決定商品交易發達與否的重要因素之一。由於迫切需要解決不同地域之間現金收解和債務清算的問題，晉商審時度勢，順應商品生產與商品交換的客觀需求，創設了票號。自此從商貿領域拓展到了金融領域，「執全國金融業之牛耳」。換言之，穩定的政治局面為票號的誕生創造了重要前提，而票號的誕生又成為晉商走向輝煌的重要標誌。

由此可知，地理環境、物產資源和社會環境、文化傳承等，都是晉商崛起的重要因素。另一方面，晉商的原始資本積累與當時的官府政策有很大關係。明初為了防止退到蒙古的元朝殘餘勢力捲土重來，明軍在北方邊境大量設防。與此同時，官府鼓勵商人運糧給守邊士兵，並支付「鹽引」給運糧的商人，讓商人憑「鹽引」前往指定的鹽場買鹽，再到指定的地區賣鹽。在當時，鹽是緊缺的國家專賣品，販鹽者往往可得暴利。山西地近北方邊境，晉商利用地緣優勢捷足先登，展開原始資本積累，又因為善經營，重信義，還提倡節儉，很快就強大了起來。

晉商起初的經營種類很雜，從綢緞到蔥蒜，無所不包，隨著經濟實力增強，他們突破區域界限，進行長距離販運，從而加強了各地區的聯繫。晉商的經營活動對於中國城鎮的興盛，特別是邊陲城鎮的興起影響重大。城市的形成往往以人口聚集、商業繁榮為條件，好比恰克圖地處色楞格河東岸的中俄分界處，最初一片荒蕪，後來晉商以此地為中俄貿易集散之地，遂開始逐漸形成城市。塞外的包頭，原本無城，山西祁縣喬家先在該地開設了復盛公商號，隨著商業的發展，人口漸多，乾隆時逐漸形成城鎮，故有「先有復盛公，後有包頭城」之說。

隨著商業活動的擴大，晉商開始涉足國際貿易，主要是對俄貿易。清朝中後期，晉商創立了東方獨有的票號業，適時回應了當時社會發展的需要，生意繁榮。到了清朝末年，隨著資本主義國家的入侵，現代經營方式進入中國，票號的改革勢在必行，多數晉商卻墨守成規，拒絕改革，致使江浙財團後來居上。民國初年，稱雄商界五百年的晉商終於未能避免衰落的命運。

晉商精神

晉商涉足海內外，稱雄商界五百年，成為世所豔羡、實力雄厚的商界勁旅。他們不畏艱辛、敢冒風險的開拓創業精神，被國內外學者譽為「山西商人精神」。其實晉商精神遠不止於此，我認為可以概括為以下五個方面。

一、同舟共濟、協調一致的團隊精神

天下晉商是一家。在經營中，晉商十分重視發揮團隊力量。他們以鄉土為紐帶，建造會館，以維繫獨具地方特色的商幫群體。他們崇奉關公、講義氣、講相與、講幫靠，協調人與人、商號與商號之間的關係，進而加強團結，逐漸形成了以血緣和地緣為紐帶的商幫。這樣的群體經營可以分散和弱化經營風險，又能提升競爭力，擴大商業活動區域和業務範圍。

為了鞏固商業陣地，維持行業壟斷，從親緣到地緣，晉商逐漸形成了大大小小的圈子。在商業經營中，晉商的群體精神主要以底下幾種形式表現。

一是家族制。大多數晉商商號都是家族企業，商號由兩代或兩代以上家庭成員掌握大部分所有權，並保持臨界控制權。好比太谷曹家，共有六百多家商號，經營範圍遍布大半個中國，且發展到莫斯科等地；好比介休侯氏的蔚字號，全中國有三十個分部。家族企業的成員之間因為有血緣關係，信任度較高，有利於籌集資金和增強企業凝聚力。為了商業競爭的需要，家族企業還會用聯姻的方式，朝地緣組織發展。

二是股份制和聯號制。晉商的股份制是頂身股制，即「出資者為銀股，出力者為身股」。所謂的身股就是取得一定資歷後，不出資本而以人力頂一定數量的股份，可按股額分紅。財東持有銀股，在商號享有永久利益，同時對盈虧負無限責任。聯號制則是由一個大商號統管一些小商號，類似西方的子母公司，在商業經營中有力地發揮團隊作用。

三是按地區形成商幫。晉商在各地設立的會館就是地方商幫形成的重要標誌之一。這種地域幫統稱晉幫，但內部會形成不同的商幫，如澤潞幫、臨襄幫、太原幫、汾州幫等。

從以上形式可知，從晉商內部的關係來看，大多是以血緣、地域為紐帶集結從業人員，再用宗法禮教和老鄉之情團結在一起，並藉由親情化解矛盾，因此很容易形成共同的價值理念和文化氛圍。他們以會館和商會做為聚會議事的場所，促進相互了解，便於相互支持、關照，在協調的氛圍中，朝共同利益努力，在實現幫內和諧共事的基礎上，再與幫外客人實現和諧外交。

山西人最早的純商業性質會館是顏料商人建立的顏料會館。最初，晉商會館是同鄉聚會的場所，隨著商業規模的擴大，會館逐漸變成了集辦事處、招待處、救濟處、拜神處等多種功能於一身的綜合性場所。山西人在外地建立會館最早始於明隆慶到萬曆年間，隨後有很長一段時間，幾乎所有商業繁盛之地最惹眼、最氣派的建築，都是晉商會館。

據《三晉會館記》記載：「尚書賈公，治第崇文門外東偏，作客舍以館曲沃之人，回喬山書院，又割宅南為三晉會館，且先於都第有燕勞之館，慈仁寺有餞別之亭。」這裡說的賈公名叫賈仁元，字西池，山西萬泉人，嘉靖四十一年（一五六二年）進士，曾任兵部左侍郎，協理京營戎政，克經筵官。賈氏任京官時，宅第在崇文門外，曾闢宅南為三晉會館。當時的會館規模較小，主要做為在京的山西籍士人聚會場所。入清以後，晉商設立的會館蓬勃發展，前前後後在京師設立了四十處以上的會館。與此同時，有些商埠集鎮也先後出現了晉商會館。

晉商會館的發展不僅表現在大量興建新會館，更表現在會館宏偉的建築規模上。舉例來說，開封的山西會館由清乾隆年間山西的旅汴客商集資興建，道光年間因加入陝西商人，改名山陝會館。一九三三年甘肅商人加入，再度易名為山陝甘會館。該會館建築巍峨壯麗，布局嚴謹，裝飾華麗，尤以磚雕、石雕、木雕精美絕倫，堪稱「三絕」。會館前有雕磚砌成的照壁，上有「忠義仁勇」

四字。一般來說，此四字讚語是關帝廟的標準配備，可見晉商對關公的推崇。照壁上嵌「二龍戲珠」、「八仙過海」等大大小小的鏤空磚雕。

洛陽的山陝會館始建於康熙五十年（一七一一年）前後，道光時曾進行修繕，建築總面積達一千餘平方公尺。建築形式以中軸線為基準，左右對稱，布局嚴謹，層次分明。殿堂採取臺階式上升的建築結構，屬於中國傳統的宮殿式建築，集建築、雕刻、繪畫、陶瓷工藝於一體。琉璃照壁更是會館一絕，洛陽人稱其為九龍壁，由多彩釉陶和磚雕結合壘砌而成。

這些會館的設立不僅是為了團聚同鄉，更為了經商活動的需要，形成幫夥，凝聚本幫商人的向心力。日本學者岩崎繼生研究晉商後曾經稱讚：「山西商人相互之間透過連鎖關係，保持著一種團結，以便維護商業利益，防止同業競爭，並在採購及銷售方面相互扶助，處理糾紛。乍看和其他一般中國人並無任何不同之處，但仔細觀察就會發現，他們在資本流通這方面的經營手段十分巧妙。」岩崎繼生所說的連鎖關係，正是晉商群體特有的組織形式。「在家靠父母，出門靠朋友」，同鄉是朋友中的朋友。「鄉黨見鄉黨，兩眼淚汪汪」，只有在會館才能聚集那麼多的老鄉，大家都有共同發財的意願，更有一起思念家鄉的心情。會館重在敘鄉情，也在不斷為同鄉排憂解難。晉商足跡所至之處都有會館，既是聚會敘鄉情之所，更是談生意的中心。

會館發揚了晉商的群體精神，這種精神不僅表現為「報神恩，聯鄉情，誠義舉」，更表現為能夠做個體做不成的事，促進晉商的經營。「天下晉商是一家」，在與其他商幫的競爭中，以及在與牙行及外商的爭鬥中，晉商表現出來的團結一致，總讓人驚嘆和敬服。

開封山陝甘會館的照壁和磚雕，該會館位於河南省開封市龍亭區徐府街北側

二、誠信為本、以義制利的經營理念

翻遍晉商的資料會發現，在不斷呼籲經商應以誠信為本的今天，五百年前的晉商早已將誠信當作最基本的經商原則。「誠」與「信」都是儒家思想的重要範疇，信以誠為基礎。晉商深受儒家思想影響，極其注重誠信，誠信可說是晉商精神的精髓和最寶貴的財富，在經營中時刻遵守「和氣生財，公平交易，童叟無欺」、「誠招天下客，譽從信中來」等信條。

晉商認為誠信不欺是經商長久取勝的基本要素，看重商業信譽高於一切，深信經商雖以贏利為目的，凡事仍要以道德信義為標準。經商屬於「陶朱事業」，須以「管鮑之交」為榜樣，對待顧客、商家，無論大小，都要以誠相待。銷售商品絕不缺斤短兩，一定要做到貨真價實，童叟無欺。如果發現商品品質低劣，寧肯賠錢也絕不拋售。晉商深知，只有講信用，重承諾，不欺不詐，人們才樂於與他們交易。

晉商有許多關於經商誠信的諺語，如「寧叫賠折腰，不讓客吃虧」、「買賣不成仁義在」、「售貨無訣竅，信譽第一條」、「秤平、斗滿、尺滿足」等，講信譽的晉商和商號比比皆是。

晉商極重信譽，貿易雙方產生了一種奠基於信用的特殊結算形式——標期。按傳統商業習俗，各商戶要在一定的周期內清償債務，商人們清償債務的規定日期就稱為標期。太谷縣是山西省的商業中心，標期是每季一

洛陽山陝會館照壁，該會館位於洛陽老城南關馬市街九都路南側，亦名西會館

期，屆時結算舊債，再生新債，有借有還，體現了商人與主顧之間互相信賴的關係。如果有人不按規定執行，將受到所有商號的指責，商號們甚至會採取一致行動，中止與失信者的貿易往來，讓他落得身敗名裂的下場。此外，所有的山西會館中都有一件被視為聖物的「官秤」。這裡的「官秤」並非官方所定的意思，而是晉商之間公議而定的。為了公平買賣，杜絕大秤進、小秤出，晉商們借助「官秤」維持整個商幫的信譽。若發現害群之馬，便「舉秤稟究官治」，完全體現了晉商的誠信精神。

除了誠信為本，以義制利是晉商的另一條經營理念。「義利」之辨歷來是儒家思想的重要主題之一，體現的是倫理道德原則與物質利益之間的權衡取捨。晉商的義利觀深受儒家學說影響，認為義與利相互區別、相互聯繫、相互滲透，形成了義利並重、義利統一的商業價值觀。「君子愛財，取之有道」、「信義為本，祿利為末」在晉商中廣為流傳，而且在遍布全中國乃至境外的晉商商號中，都有「重信義，除虛偽」、「貴忠誠，鄙利己，奉博愛，薄族恨」等號規，反對採取卑劣的手段騙取錢財。

晉商講究見利思義，不發不義之財。明代山西蒲州商人王文顯曾說：「夫商與士，異術而同心。故善商者處財貨之場，而修高明之行，是故雖利而不汙。善士者引先王之經，而絕貨利之徑，是故必名而有成。故利以義制，名以清修，各守其業，天之鑑也。」他經商四十年，嚴守信義，認為經商與做官儘管道路不同，但做人的道理是一樣的，善於經商之人雖處財貨之場，卻修高明之行，可謂圖利而不汙。明代山西曲沃富商李明性，「尤善導人於善」，若得知族中有人放高利貸，召來當面責備之

「官秤」，晉商博物館藏

外，還撕毀其券。此外，晉商把關公敬奉為信義的精神偶像，奉關公為財神，除了因為關公是山西人，更重要的是關公是信義的象徵。在晉商的推動下，信義昭彰的關公成了財神的化身。

晉商譽滿天下的形象還表現在對社會的貢獻。每當清廷出現財政赤字或處於危難，晉商往往不惜鉅資，慷慨解囊；每遇饑荒災難，同樣仗義疏財，賑濟社會，表現出仁愛善良、見義勇為的風範；每逢國難當頭，晉商更是識大體、舉大義，盡忠報國。清光緒初年，山西連續遭災，饑民以樹皮草根充饑，史稱「丁戊奇荒」，祁縣喬家「於親故之惆恤，災歉之賑施，獨傾囊資助無吝嗇」，日昇昌票號掌櫃邱泰基「設粥棚放賑，民賴此而活者以萬計」，常維豐、常光祖叔侄「慨然輸萬金以救荒」。

在義利相通觀念的影響下，義利並舉既是晉商行商生財、拓展人脈的資本，也是其精神價值觀的核心，更成了他們長期雄踞商界的重要思想基礎。

三、艱苦創業、堅韌克己的進取精神

「天行健，君子以自強不息。」山西人把經商當作大事業來看，並透過經商實現其創家立業、光宗耀祖的抱負，這種觀念成了他們在商業上不斷進取的巨大精神力量。晉商吃苦耐勞，艱苦創業，堪稱全中國楷模。許多晉商原本家境貧寒，均是白手起家，比如有名的曹家、喬家、侯家、冀家、渠家、常家等，都從一無所有開始，經過一代代人的努力才逐漸發跡。他們的創業之路充滿了艱辛，而支撐他們不斷進取的，正是自強不息、堅韌克己的信念。

晉商的進取精神表現在不怕艱難、勇於冒險。他們拉著駱駝，越過沙漠，冒著風雪，北走蒙藏邊疆，東渡東瀛，南達南洋。在清代，他們開闢了一條以山西、河北為樞紐，北越長城，貫穿蒙古戈壁大沙漠，直抵庫倫（烏蘭巴托）再至恰克圖，進而深入俄境西伯利亞，又達歐洲腹地聖彼得堡、莫斯科的國際商路。是繼中國古代的絲綢之路衰落之後，一條在清代興起的陸上國際商路。

這條商路的開拓史上，旅蒙商號大盛魁做出了重要貢獻。大盛魁稱雄蒙古草原兩百多年，創始者太谷人王相卿，祁縣人張傑、史大學，原本都很貧苦。王相卿幼年家貧，受生活所迫，到山西右玉縣為人幫傭，也曾在清軍中當伙夫、雜役。張傑和史大學同樣受生活所迫，康熙時隨著清軍征討噶爾丹部隊，做隨軍貿易的肩挑小販，蒙古人稱為「丹門慶」（貨郎）。三個人都是白手起家、艱苦奮鬥，克服千辛萬苦，終於使大盛魁由小到大，一度成為壟斷對俄貿易的大商號。此外，西北新疆伊犁、塔爾巴哈臺等地同樣是晉商活躍之地，進而「遠賈安息」（今伊朗）。另一方面，晉商從明代就在日本貿易。清乾隆年間，晉商范氏是赴日貿易的最大洋銅商。清末，晉商在韓國和日本都開辦了銀行。這些事業的成功，沒有非常的氣魄與膽略，是不可能實現的。

經商猶如打仗，險象環生是常有之事。商人們不僅要面對惡劣的天氣環境，還常常遇到盜賊搶掠及至喪失生命的情況。明清之際，晉商雖憑藉瀕臨邊境的地理優勢和堅韌精神，壟斷了北方邊陲貿易，但北方邊境多是不毛之地，氣候異常惡劣，沿途更是地廣人稀。這些貿易販運都是長途跋涉，夏日酷暑，頭頂烈日；冬季嚴

《瀚海駝幫》雕塑，晉商博物館藏

寒，頂風冒雪。他們吃在駝峰上，睡在牛車裡，長年累月在數千里商路上奔波往返，吃苦耐勞的程度絕非常人所能想像。即使到了草原銷售貨物，環境仍然艱苦。牧民的流動性大，相當分散，彼此距離很遠，商人每天得負重走上幾十里。茫茫草原難見人煙，沒有大樹、房屋可供遮風避雨，只能聽任風吹雨打，日晒霜凍，時不時還有匪徒出沒，殺人越貨，呼救無門。比如晉商若前往包頭經商，殺虎口是必經之路，民謠唱道：「殺虎口，殺虎口，沒有錢財難過口，不是丟錢財，就是刀砍頭，過了虎口還心抖。」但旅蒙晉商並沒有因此退縮。為了對抗社會不安定的現狀，有些晉商甚至練就武功。明嘉靖年間，為防日本倭寇入侵，山陝鹽商五百位善射驍勇的族人曾經組成商兵守城。又如，蘇州是晉商十分活躍的商埠之一，「有山西客商善射者二三十人」，可見晉商創業之艱辛。正是這種不畏艱難險阻、百折不撓的進取精神，成就了晉商的宏圖大業。

四、靈活融通、變通生財的創新精神

晉商有高效率的經營管理制度、高超的經營藝術，還有強烈的創業企圖和創新精神。山西人打破了中國歷來「學而優則仕」、看重科舉入仕的心態，觀念開放，重商輕仕。一如前文提及，在企業管理上，晉商開創了身股制、聯號制等先進的經營制度；在金融上，他們創立了票號業。

晉商在「以人為本」的概念上進行了制度創新，特別是在人力資源方面，時常打破常規。比如他們讓夥計入股，創立了人身頂股制度，也是中國歷史上最早出現的人力資本制度之一。晉商的身股制奠基於明代的「東夥合作制」。隨著清代統一局面的形成和商品貨幣經濟的發展，嘉慶、道光年間，東夥合作制發展成了以個人勞力頂股的制度。而這種身股與銀股一起參與分紅的制度，正是晉商的創新。身股制即財東出資，財東允許掌櫃和部分夥計以個人勞動頂身股，即人力股，掌櫃和夥計為資本負責，身股與銀股一樣享有同等分紅的權利。

「身股」之所以能夠和銀股一起參與分紅，是因為在當時的商業貿易中，個人勞動已經成為一種具有增值潛力的「資本」。在晉商商號中，握有經營知識、技能和經驗的身股持有者不但能獲得他們在商號中付出勞動的回報，亦握有透過身股獲取回報的權利。這種物質激勵讓商號中所有人都充滿了服務熱忱，提高了商號的經營水準和競爭力，也推動了晉商商號的整體發展。

祁縣的喬致庸就利用身股制激勵了員工的積極性，也贏得了人脈，效果極佳。有一次，商號一位得力掌櫃和眾多夥計紛紛遞交辭呈，讓喬致庸百思不得其解，深入了解後才從夥計口中明白，商家之間的慣例是，若別家給的薪水更高，徒弟滿師後都會離開，因此有「鐵打的商家，流水的夥計」一說。掌櫃卻不一樣，能在生意裡頂一份身股，不僅平日就可拿到比夥計多十倍、百倍的薪水，四年帳期一到還能領一份紅利。如此一來，能幹的人想方設法進入更好的商號，平庸的人則挖空心思留下來，使得人才流失特別嚴重。惜才如命的喬致庸意識到，若想留住人才，喬家復字號需要一場大變革。

於是，喬致庸不顧各店掌櫃反對，打破商界陳規，制定了全新店規：學徒出師四年以上，願繼續在本號當夥計者，一律頂一釐身股，此後按勞績逐年增加。基本上就是讓所有夥計都擁有了入身股的可能性，而且門檻很低，只需繼續留在

喬致庸畫像

本號即可。商界為之震動不說，喬家復字號的面貌從此煥然一新。

身股制是中國民營企業股份制的先聲，也造就了富甲天下的喬家商號。此一新規意味著小夥計即使不投資銀兩，只要對商號有所貢獻，或在商號中有一定資歷，一樣可以成為小股東，與投資的大股東一樣分紅得利。如此一來，人心凝聚了、人氣聚集了，大大鼓動了員工的工作熱情，也能充分發揮他們經商聚財的積極和動能。喬家復字號從大掌櫃到普通夥計，無不殫精竭慮、盡心盡力，以便在商號中做出更大的貢獻，從而獲得更多身股。

此後，山西商號普遍實行身股制。然而，商號不同，具體分配方案也不同，以大盛魁商號為例，打點雜事、接待客商的職員可頂一二釐；在櫃上應酬買賣，大事尚不能做主的職員可頂三四釐；已有一定做買賣經驗，貨色一看就懂，行情一看就明，生意能否成交也敢一語定奪的，可頂五釐；頂七八釐者，已是商號裡外的一把手，或來往於總號、分莊之間，盤點貨物、核算虧盈，或奔波於天南海北，拍板大宗交易；頂九釐者，不負責日常營業，專門決斷重大疑難。大盛魁比較特殊，沒有頂整股的，最高九釐。

晉商認為，人才是做生意的根本，並以此為基，開歷史之先河，破例給夥計頂身股，利用薪酬這種最重要也最有效的激勵手法，把員工的個人利益與商號利益、財東利益緊密結合在一起。小夥計和小學徒為了晉升和薪酬，努力為商號工作，有效調合了勞資關係，也調合了夥計的積極性，既能留住人才，又能吸引更多人才進入商號，擴充人脈。有人脈就有財脈。另外，身股制也為晉商遴選人才開闊了視野，拓寬了管道，穩定了蘊藏人才最廣泛、最深厚的社會基礎，是晉商選拔和培育人才的核心機制，可謂一舉數得。

晉商的另一個創新是聯號制，這種針對分布在不同地域、跨不同行業的商業機構實施有效管理的模式有點類似現代的企業集團。具體來說，就是在由某一家族創立的總號下，設立許多分號或分支機構，少則十多家，多則數十家，廣泛分布於中國各地甚至海外。聯號並非人人平等，而是總號統轄分號，東家管理掌櫃，掌櫃率領夥計，分層管理。東家可能是一人，可能是數人乃至數十人，完全依照投資情況而定；掌櫃也可能有數人，但大掌櫃只有一人，是真正「管事的人」；分號同樣可以有無數個，但總號只能有一個。有些西方學者認為：「山西商人具有大商業才能，現代美國托拉斯式的跨國企業集團，在十九世紀的中國就已經有了雛形。」

以太谷曹氏為例，經營範圍涉及票號、典當、顏料、藥材、皮革、洋貨等領域。實行聯號經營制後，遍及國內外的六百多家商號正常運轉，總資產超過六、七百萬兩白銀，雇員最多時達七萬人。具體來看，他們透過「勵金德」管理太原、潞安及江南各地的商號，透過「用通五」管理東北的各商號，透過「三晉川」管理山東的各商號等。以曹氏規模最大的綢緞莊「彩霞蔚」為例，彩霞蔚受勵金德管轄，而彩霞蔚下轄張家口的錦泰亨、黎城的瑞霞當、榆次的廣生店、太谷的錦生蔚等商號，這幾家商號的經營和盈虧情況，財東曹氏一般不會直接過問，而是由彩霞蔚負責，彩霞蔚則向勵金德負責。如果彩霞蔚所屬的錦泰亨等商號經理想面見財東，必須由彩霞蔚經理先引見給勵金德經理，再由勵金德經理引見給財東。

曹氏旗下各商號雖然都是獨立核算，但各商號在上級商號的帶領之下，無論是資訊交換、物資採辦還是市場銷售，都會相互支援，必要時也會挪款相助，建立了嚴密的管理網絡。曹氏東家只管理勵金德、用通五、三晉川這三大商號，三大商號只管理自己管轄範圍內的商號，類似於分公司，一級管一級，不能越級，尤其是遍布各地的商號，直接對各自分管的「公司」負責，不能越過「公司」向東家彙報請示，東家也不能伸手介入各分號的事務。如此一來，既保證了管理的穩健有效，同時避免了混亂。

聯號制可謂造就晉商雄霸商場五百年的「祕密武器」。與太谷曹氏一樣，榆次的常氏也靠聯號制形成了集團優勢，使其在對俄貿易中立於舉足輕重的地位。晚清時期恰克圖十幾個較大的商號中，常氏一門獨占其四，堪稱清代山西的外貿世家。常氏在恰克圖設立的四大商號是大升玉、大泉玉、大美玉、獨慎玉，此外還設有六家帶「玉」字的商號，號稱「十大玉」。常氏「十大玉」主要在北方從事邊貿，稱「北常」，以經營茶葉為主。常氏之所以能形成壟斷，都歸功於聯號制。

同樣經營西北貿易的大盛魁也是聯號制的受益者。大盛魁在蒙古、內蒙古和中國各地都建立了分支機構，如烏里雅蘇臺分莊、科布多分莊、漢口分莊、庫倫分莊、召河養馬場等，負責當地的收購、儲存、運銷，其中又以烏里雅蘇臺和科布多兩個分莊的業務範圍最大，地位非常重要。此外，大盛魁設有許多流動貿易的駱駝「房子」，還有拉著駱駝，馱著貨物，串蒙古包做生意的「小組」，並出資開設了若干「小號」。這些房子、小組、小號長年在廣闊的蒙古草原上活動，源源不斷地為大盛魁創造巨額財富。

再以票號為例，票號得以實現「匯通天下」，聯號制功不可沒。如果不聯號，匯通根本無法進行。要是各地分號不通力合作，又如何實現信譽為本呢？「天下第一票號」日昇昌在全中國所設分號達三十五家，鼎盛時匯總銀子在兩千萬兩以上。如果不聯號，銀子的異地兌撥難以實現，恐怕連一筆業務也做不成。

常家大院常氏宗祠東配廳上的彩繪

值得一提的是，晉商聯號制中，總號和分號的責、權、利非常明確。按照程序，分號之間互相協作，心往一處想，勁往一處使，互通資訊，互相接濟，共謀大利。「總號管大號，大號管小號」，但管理時亦提倡放權，強調相互扶持。這種管理模式大大鼓動了全體員工的積極性，讓晉商在數百年的商海沉浮中立於不敗之地。

五、積德行善、樂善好施的奉獻精神

許多晉商並沒有讀過多少四書五經，卻深受儒家文化浸潤，把儒家思想當成做人和經商指南。儒家文化的核心是集體主義，無論是什麼人，從事什麼職業，都應該關心國事、天下事，都要關心百姓，為國分憂。商人關心社會公益事業、關心國事是中國的傳統，晉商就體現了這種精神，對社會、對國家毫不「摳門」，樂善好施，多行義舉，為國家、為家鄉做出了諸多貢獻。

明嘉靖十六年（一五三七年），大明政府經歷多年征戰終於平定了北方的蒙古，晉商范世逵為軍隊運送軍需，獲得朝廷嘉獎。嘉靖三十三年（一五五四年），山陝鹽商為了抵抗海盜入侵，挑選了五百名驍勇善戰的商兵協防揚州。隆慶元年（一五六七年），江蘇松江倭寇進犯，山陝商人「協力禦之」。

進入清代，儘管大清政府後期腐敗無能，由於深受多年儒家思想影響和忠義精神薰陶，晉商在朝廷有難時，依然伸出了援助之手。康熙、雍正、乾隆三朝，介休范氏一直為官府運送軍糧，而且每石糧食的價格與運費從四十兩銀子降至二十五兩、十九兩，甚至更少。四川大渡河分別有大金川、小金川兩條支流，盛產金礦，當地的統治者土司想獨占金礦並自立，乾隆年間先後兩次派兵征

「匯通天下」匾額

討，為了支持朝廷，晉商一次捐了一百餘萬兩白銀。

新疆約在同治三年（一八六四年）開始叛亂，到光緒初年已亂了十多年，朝廷上下為此吵成一團。當時擔任陝甘總督的老將軍左宗棠力主收復新疆，慈禧太后同意了，但表示無法保證軍事供給。左宗棠靠著徽商和晉商的鼎力支持籌得大批軍餉，南北幫票號共籌款超過一千一百萬兩白銀，其中晉商就貢獻了逾八百八十萬兩。左宗棠六十六歲時出兵，七十歲時終於收復了新疆。

一九〇〇年，八國聯軍攻陷北京，慈禧、光緒倉皇西逃。一行人抵達山西後，晉商借了他們很多旅費，其中太谷曹家借銀十萬兩，後來慈禧還了曹家一個金火車頭鐘。祁縣喬家借銀三十萬兩，並把大德通票號精心收拾了一番，當成慈禧和光緒的臨時行宮。甲午戰爭爆發後，列強開始攫取在中國開礦、開工廠、築路的特權，眼見國難當頭，晉商籌集了二百七十五萬兩白銀贖回礦權，並積極籌辦保晉公司，為全國各地紛起的保礦運動帶了頭……

家鄉遭受大災之際，晉商紛紛伸出援手，急公好義，備受稱道。光緒年間的《祁縣誌》就記載了光緒三年災荒時的晉商義舉。喬致庸、孫鄂、渠源禎、渠源潮等人及相關商號均榮記於賑災名冊。除了積極捐銀，不少商號的財東和經理積極協助官府辦理賑災事務。蔚豐厚掌櫃范凝晉、日昇昌經理張興邦、協同慶經理劉慶和等人，滿腔熱情地投身救災，而且各票號都義不容辭地承擔起匯兌賑災銀的重任，保證來自中國各地的賑災銀兩能夠及時匯兌到災區，救災民於水火之

慈禧

中。遍布各地的票號分號不約而同地為家鄉「出血」，四處奔走求救，僅蔚豐厚金陵分號掌櫃范家俊就籌得捐銀達十萬兩，其他各票號分號也都有不小的貢獻。

有麻雀的地方就有晉商

晉商在京城

北京是全國政治中心，也是大型的商業消費地區。山西地近北京，為晉商在京城開疆闢土提供了便利的條件。「京師大賈多晉人」，明清時期在京城內經商的富賈，很多都是山西人。

晉商在北京經營的商業範圍相當廣泛，涉及銀錢店、糧店、酒鋪、油鹽店、磚瓦廠、煙鋪、茶館等幾十種行業，有的甚至占據壟斷地位。晉商在北京留下了許多老字號，比如現在仍然生意火爆的「都一處」燒麥，就是乾隆年間由山西王姓商人始創，因乾隆十七年（一七五二年）皇帝賜名「都一處」，又贈「虎頭」匾而出名。北京人吃的長蘆鹽主要也購自山西鹽商。前門外的大柵欄、內城西單牌樓和西四牌樓一帶的點心、乾菜、米、麵、油、鹽、酒等，大多由山西襄陵人經營。著名的「六必居」則於明朝中葉由山西臨汾趙姓兄弟開創。據統計，嘉慶二十四年（一八一九年），在京的山西平遙顏料商就有三十六家，山西臨汾的紙張、顏料、乾果、煙行字號也有三十三家。

北京有很多山西會館，光緒年間有四十五所。這些會館有的以地域組成，有的以行業組成。以地域組成的如平遙會館、襄陵會館、襄陵北館、襄陵南館、襄陵公所、臨襄會館、臨汾東館、晉翼會館、潞郡會館、河東會館、盂縣會館、平定會館、忻州社、太谷社等。以行業組成的如藥王社、釘鞋社、成衣社、淨髮社、金爐社、魯班社、寶豐社、銀行社、集錦社、氈毯社等。

北京是除了平遙以外，山西票號最早成立的地方。日昇昌是中國第一家私人金融機構，成立於道光四年（一八二四年），由山西平遙西裕成顏料莊東家李大全出資創辦，雷履泰任掌櫃。之後，京城的金融機構如雨後春筍般興起。咸豐初年，北京可查帳局二百六十八家，其中晉商占了二百一十家。宣統年間，北京帳局大為減少，但在可統計的五十二家中，有三十四家由晉商開設，四十九家的總經理是山西人。北京的當鋪也多，乾隆二年（一七三七年）已有二百餘家，到了咸豐三年（一八五三年），在京的一百五十九間當鋪中，晉商開設了一百零九家。從典當到帳局，對於京城的工商業與金融流通來說，晉商是一股重要的促進力量。

晉商走西口

西口指的是今山西朔州右玉縣境內緊鄰內蒙古的殺虎口，因位於長城另一個通道口——張家口西邊，所以稱為「西口」。從殺虎口等長城沿線進入內蒙古草原，就叫「走西口」。山西、陝西、河北等地的農人和商人，為生活所迫，遠赴察哈爾、綏遠等地，也就是今日內蒙古中西部乃至更遙遠的地區墾荒、挖煤、拉駱駝、做生意。尤其是大量的山西人，從明清以來至一九四九年，整整三、四百

平遙日昇昌票號舊址

年排除萬難不斷地走西口，為現今內蒙古中西部農業、手工業、商業的發展和民族團結做出了不可磨滅的貢獻。

如前所述，由於明朝政府與蒙古多年戰事終告平息，加之地理位置的優勢，晉商在蒙古地區貿易中處於重要地位。入清以後，中原與蒙古的聯繫更加緊密，晉商「走西口」，深入草原，大顯身手，旅蒙晉商由此興起，產生了許多晉商鉅子，如赫赫有名的喬家、渠家、常家、曹家和大盛魁等。

晉商在蒙古草原十分活躍，販賣的商品種類繁多，數量巨大。蒙古人的生活必需品如茶、布、綢緞、藥材、陶器、鐵鍋、紙張、農具等，全仰賴晉商。另一方面，中原地區同樣需要大量蒙古生產的牲畜和畜牧產品，經晉商運回的蒙古羊有數百萬頭，馬的成交數量也很大，當時僅僅是烏蘭察布盟銷往中原的駱駝就有十萬餘頭，羊皮十萬餘張。山西大盛魁商號每年運往蒙區的茶葉高達三萬箱以上，生煙兩千多囤，每囤一百八十包，每包一斤，從蒙區趕回的羊則有上百萬隻，幾乎壟斷了蒙古牧區市場，貿易量無比龐大。

隨著晉商進入蒙古市場，也把中原的種子、生產工具和技術傳入了蒙古草原，促進了蒙古畜產品加工業、手工業的發展，當地牧民不再完全倚靠從內地購買。他們改進了製革、鞣皮、製氈等手工藝，畜產品的加工技術不斷提高，不僅能夠滿足自身需求，還有多餘產品運銷中原。大盛魁每年都得運回蒙古靴子一萬多雙，純牛皮製，深受京城百姓喜愛。在晉商的影響下，蒙古經濟迅速發展，促進了城市的興起與繁榮。乾隆年間，歸化城（呼和浩特市舊城）已經成為蒙古地區的商業樞紐，「一切外來貨物先彙聚該城囤積，然後陸續分撥各處售賣」，城鎮周邊盛產糧食，內地商販採買者甚多，經黃河運至秦晉兩省出售。

旅蒙晉商的發展進程中，清廷多次對蒙古、新疆用兵的作用不能不提。在康熙、雍正、乾隆三朝平息噶爾丹叛亂的多次戰事中，山西旅蒙商人曾組成販運軍糧與各種軍用物資的商隊，隨軍行進，以保障軍隊生活日用物資的供給。利用商人隨軍貿易來解決數量龐大的軍糧和軍需物資來源，這可是歷史性創舉，清廷對商人的特殊依賴與利用同樣史無前例。由於軍餉多以銀兩方式發放，又是戰時，物品匱乏，因此不論是什麼貨物，在軍中售賣的價格自然比原本高出數倍至數十倍，讓隨軍商人獲得了豐厚的利潤。

於是，許多商業鉅子在隨軍貿易中誕生了，最大的旅蒙晉商大盛魁就是靠隨軍貿易起家。大盛魁的興起前文已有提及，在清朝，類似大盛魁的旅蒙晉商之所以能夠長期定居蒙古，建立總號、分號，南北東西任其所至，享有在蒙貿易的特權，與當年隨軍有功脫不了關係。戰爭結束後，清廷在邊疆地區保留了許多駐軍，建立了不少衙門，他們的軍需供給仍然需要晉商提供。鑑於在千里無人煙的大漠生存和經營不易，官府對晉商格外優恤，也說明了政府的政策對於民間商人的影響有多麼巨大。

郎世寧等繪《平定伊犁回部戰圖》

晉商在新疆

在西北，明末的晉商就已經積累了雄厚的經濟實力，壟斷了西北貿易市場。清軍入關並統一新疆後，該地的商業幾乎被晉商徹底壟斷。新疆的晉商遍及天山南北，如新疆古城子（今新疆奇臺縣）、烏魯木齊的「山西巷子」。晉商在新疆從事茶、糧、布、鹽、鐵、煤、木材、駝運、飲食、藥材和金融等多種行業，其中又以茶、駝運與票號三業最盛。

新疆對茶的需求量極大，晉商在中原購買茶山，將加工、生產的茶葉北運至歸化後，再沿大草地進入新疆古城子，銷售到天山南北。晉商不斷創新、生產符合新疆牧民口味的磚茶，深受牧民喜愛。

晉商的貨物主要靠駱駝和馬匹運輸，因此駝運業非常發達。天山北麓的古城子有大小駝店近四十家。早年在烏魯木齊山西巷子就有山西大同人季登魁開設「山西駝場」，當時從呼和浩特來的駱駝隊到烏魯木齊都在此休息。票號業在新疆發展較晚，晉商於光緒後期才在烏魯木齊設立蔚豐厚、天成亨和協同慶三家分號，一經成立，旋即「執新疆金融業之牛耳」。除了民間業務，票號主要承辦各省協濟新疆的「協餉」業務，發揮著代理國庫的作用。票號也在收復新疆、平定新疆叛亂與抵抗外來侵略的過程中做出了重大貢獻。

晉商在新疆的商業活動，使新疆的城市得到了前所未有的發展。哈密「商賈雲集，百貨俱備」，儼然成了個大都會。巴里坤同樣「自設官分治，商貨雲集，當商、錢商、百貨商無不爭先恐後，道光間頗稱繁盛」。古城子是晉商貿易總匯之地，生意興隆，「地方極大，極熱鬧，北路通蒙古臺站，由張家口到京者，從此直北去，蒙古食路，全仗此間。口內人商賈聚集，與蒙古人交易，利極厚。口外茶商，自歸化城出來，到此銷售，即將米麵各物販回北路，以濟烏里雅蘇臺等處，關係最重，茶葉又運至南路回疆八城，獲利尤重」。乾隆時，烏魯木齊已是「商民雲集，與內地無異」，「繁華富庶，甲於關外」。瑪納斯也是「商民輻輳，廬舍如雲，景象明潤，豐饒與內地無異」。南疆阿克蘇「內地商民，外番貿易，鱗集星萃，街市紛紜」。伊犁、塔城、喀什等地，同樣是一派繁榮景象。

另一方面，晉商為新疆帶來了獨具特色的山西文化。山西汾酒、陳醋、麵食等，統統深受邊疆百姓的喜愛。晉商在古城子、烏魯木齊、巴里坤等邊城設立山西會館，建築高大宏偉，內供奉關羽塑像，深具北方民居風格。每逢佳節，山西會館便組織社火龍燈，表演山西花鼓，豐富了邊疆的文化生活。

晉商在各地

「有麻雀的地方就有晉商」，除了京城、蒙古和新疆，晉商在甘寧青、東北、揚州等地也十分活躍。

甘寧青地理位置特殊，處於絲綢之路通往關中的咽喉之地，乾隆時期大批晉商分赴甘寧青各府州經商，形成了互相關照、互通有無的龐大群體，基本上壟斷了甘寧青一帶的商業，成為主導甘寧青商貿業的主力。在此地活動的主要是晉中商幫和晉南商幫。

晉商經營的商品種類繁多，清朝中前期多經營民間手工製品，清後期主要從天津進貨，又以洋貨占絕大多數。晉商還收購大煙、羊毛、枸杞、甘草、髮菜等當地土特產，運往京津等地。民國初年，晉商調整經營種類，涉足皮毛行業，勢力很快來到頂峰，當地幾個規模大、資產雄厚的皮毛商號，如瑞凝霞、步雲祥等，都由晉商經營。在西寧，乾隆年間晉商創辦的「晉益老」是當地最早的大型商號，民初甚至有「先有晉益老，後有西寧城」的說法。

東北地區地闊物豐，山西人很早就在此地從事貿易。晉商在東北經營的行業很多，主要有糧食、絲綢、採蔘、鐵貨、雜貨等。他們在當地開設山西會館，修建關帝廟，也向外傳播山西的鄉土戲曲，東北地區流行的地方戲曲中，很多都有山西戲曲的影子。

明朝，許多晉商南下揚州經營鹽業，比如舉家遷往揚州的太原賈氏。臨汾亢氏和大同薛氏也都是揚州著名鹽商。晉商還蓋了揚州最早的鹽商會館——山陝會館。會館設立之初是為了聯絡同鄉感情，後來成為山西祁縣鹽商在揚州的辦事機構，聲名顯赫的鹽商亢嗣鼎經常出入此地。晉商在揚州經營鹽業，一定程度上促進了南北文化的融合。舉例來說，揚州的建築就吸收了一些北方建築的特色，有很多青磚青瓦，不像南方的粉牆黛瓦。

晉商名門

中國傳統社會以家庭為本，家庭是社會的基本組成單位，也是社會的基本經濟單位。在中國人眼中，家庭是神聖的，提倡「孝悌為仁之本」的家庭關係，並進一步提倡齊家、治國、平天下的社會關係，認為只有在齊家的基礎上，才能治國平天下，可見在中國傳統文化中家庭地位之崇高。然而，家庭維繫的基礎是經濟，即治生，因此晉商把養家糊口放在首位，進而達到興創家業的目的。

晉商歷經數百年艱苦創業，形成了許多名震天下的商業世族，接下來就讓我們了解其中幾個極具代表性的晉商名門。

祁縣喬氏

喬家的始祖名叫喬貴發，祖居祁縣喬家堡，原為貧苦農民，早年因父母雙亡，無依無靠，生活所迫，常為人幫傭。乾隆初年，與徐溝縣大常村的秦氏結為異姓兄弟，離鄉背井，前往內蒙古薩拉齊廳老官營村的當鋪做夥計。稍有積蓄後，便轉到包頭西腦包開了一間草料鋪，兼營豆腐、豆芽、切麵及零星雜貨。在兩人苦心經營下，生意日見起色。不過後來一度虧賠，幾乎歇業，喬貴發只好返回原籍種田，留秦氏一人顧店。

乾隆二十年（一七五五年）農業豐收，糧價低，秦氏趁機購入一批黃豆準備做豆腐，不料次年黃豆歉收，豆價驟漲，秦氏出售黃豆後獲利頗豐，便把喬貴發從原籍叫來共同經營。喬秦兩人把店鋪移到東前街，開設客貨棧「廣盛公」，當上了財東。嘉慶年間，廣盛公生意十分興隆，但某次「買樹梢」*蝕了本，幾近倒閉，幸賴當地往來客戶支持，議定欠款緩期三年歸還，廣盛公才得以繼續存活。三年後結帳時，廣盛公不但還清債款，而且大有餘利。秦、喬歡慶之餘，認為這是復興基業的起點，把廣盛公改名「復盛公」，業務仍以經營油糧米麵為主，後又兼營酒、衣服、錢鋪，

＊農民春季急於用錢，向商號借支銀錢貨物，以所種青苗莊稼當作抵押，議定極低廉的價格，到田禾收成後，照議定價格交糧，俗稱這種投機買賣為「買樹梢」。

買賣日益興隆。

喬家子弟恪守祖訓，定有家規，勤儉持家，不准嫖賭，不准納妾，不准酗酒，家業日漸興旺。另一方面，秦家子弟吃喝嫖賭，揮霍浪費，漸漸從號內抽出股份花用。秦氏抽出的股份都由喬家補進，最後復盛公幾乎都是喬家的股份，秦氏股份極少，復盛公成了喬家的獨資生意。

復盛公成為喬家的商號後，日漸興隆。喬氏隨後又在包頭增設復盛全、復盛西商號和復盛菜園，擁有十九家門面。復盛公是包頭城開辦最早、實力最雄厚的商號，故有「先有復盛公，後有包頭城」之說。

喬貴發發家致富期間，娶妻生子，育有喬全德、喬全義和喬全美三子。三個兒子長大後各自成家，在喬貴發的家鄉喬家堡村各自成立了商號。喬貴發為三個兒子分別選址蓋房，老大喬全德居所稱為「德星堂」，老二喬全義居所稱為「寧守堂」，老三喬全美居所稱為「在中堂」，都是我們今日所見喬家大院的重要組成部分。

喬全美生有二子，長子致廣英年早逝，次子致庸則是一位出類拔萃的人物，歷經嘉慶、道光、咸豐、同治、光緒五個朝代，是喬氏家族中最長壽的人，為喬家的繁榮立下了大功。父親喬全美去世時，喬致庸年僅七、八歲，母親亡故亦早，一直由長兄致廣撫育。在長兄的教誨下，他養成了淳厚好學的性格，年紀輕輕即考中秀才。但就在喬致庸欲以「儒術榮門閥」時，兄長致廣不幸去世，他只好放棄學業，繼承祖業，在商界大展宏圖。

喬致庸治商有方，主張經商首重信，次重義，第三才是利，並認為經商必須戒懶、戒驕、戒貪。在喬致庸的精心經營下，喬家生意大幅發展，人稱「亮財主」。喬致庸生有六子，次子喬景儀

喬家大院的「退思」匾額

喬家大院的「在中堂」

所生之子喬映霞過繼給長子喬景岱，人皆稱大少，在中堂後來由他主持。喬映霞深受祖輩薰陶，主持喬家以來，事業心強，治家頗嚴。由於不願意喬家偌大的家業在自己手中敗落，喬映霞力圖振興，希望維護整個家族的繁盛和完整，針對眾兄弟與子弟的性格特點，分別立書齋名，如「不泥古齋」、「知不足齋」、「日新齋」、「自強不息齋」、「一日三省齋」等，以資互勉，並訂立家規：一不准吸鴉片，二不准納妾，三不准虐僕，四不准賭博，五不准冶遊，六不准酗酒等。

喬氏十分重視子弟的學業，要求也十分嚴格，聘用私塾先生一定聘學問大的，接待上更是多所禮遇。好比他們聘用本縣名儒劉奮熙，異常尊敬，不敢對劉提報酬，只是暗中多方資助劉家。先生回家時必備車馬接送，家長還會率子弟恭立甬道送迎。如此尊重老師，目的是為了樹立老師的威望，使其心生崇敬，有利於師者秉權執教，約束驕橫的小少爺們。同時能讓教師有所感戴，不遺餘力傾囊施教，最後受益者仍是喬氏。在喬氏重教之風的薰陶下，家族湧現許多人才，不少後代子弟進入高等學府成為科學家、教師和愛國軍人等。

在復字號的基礎上，喬氏開始往各大中型商埠發展，先後在京、津、東北、長江流域各城鎮設立商號。光緒十年（一八八四年）又設大德通、大德恆票號。大德通票號最初投入資本六萬兩，中期增銀十二萬兩，最後增至三十五萬兩。大德恆票號投入資本十萬兩，兩大票號在中國各地有二十多個分號。在當時，西至蘭州、西安，東至南京、上海、杭州，北至張家口、歸化、包頭，東北至瀋陽，均設有喬氏商號。徐珂在《清稗類鈔》中稱，喬氏共有資產四、五百萬兩，實際上不止此數，清末喬氏在全中國共有票號、錢莊、當鋪、糧店等兩百多處，流動資產一千萬兩以上，再加上土地和房產等不動產，保守估計資產數千萬兩。

喬氏經營企業相當注意網羅人才，這也是他們長久興旺的重要原因。祁縣人閻維藩在平遙蔚長厚票號福州分莊任職時，曾為福州都司恩壽墊付白銀賄官，總號認為閻此舉違背號規，打算處置他。不久後，恩壽升遷漢口將軍，閻則因為遭到處分，內心不快，決意辭職。喬致庸得知消息後，認為閻維藩善於與官府維持關係，又是個經營人才，決定禮聘他為大德通票號總經理，授權他全權處理票號之事。為了報答喬致庸的知遇之恩，閻維藩殫精竭慮，苦心經營，使喬氏生意獲益匪淺。

事實上，喬氏為了商業的繁盛，向來注意交結官府。喬映霞認為，花錢捐官買來的只不過是死後銘碑上的殊榮，並無可驕傲之處，倒不如花錢結識權貴並當作經商靠山。如果某官在官場失意，又可另外交結新官。也就是說前一個靠山倒了，還可找新靠山，使商業經營不受影響。喬氏交結權官，上至皇室親貴，下至州府縣吏，四方籠絡，八方疏通。光緒以來，陝甘封疆大吏、山西巡撫道員，幾乎都與喬氏有經濟往來。庚子事變後，慈禧西逃，途經山西，喬氏更是大展交結官吏之能事，將慈禧行宮設在下轄票號祁縣大德通總號，又借予清廷四十萬銀兩，解決他們西逃財政拮据之急。清廷當然「投之以桃，報之以李」，此後對喬氏多加關照，並讓山西巡撫丁寶銓賜「福種琅嬛」匾額予喬家，喬氏商業大壯聲威，再次擴大影響力。

喬家周村大德通票號

喬家的票號業務十分著名。票號肇始於平遙李氏在道光四年（一八二四年）成立的日昇昌，晉商見日昇昌業務繁忙，賺錢很多，群起效之，逐漸形成了平幫、祁幫、谷幫。平幫是指總號設在平遙的票號，主要有蔚豐厚、天成亨、蔚盛長、新泰厚、蔚長厚；祁幫指總號設在祁縣的票號，主要有大德興、大德恆、三晉源、存義公、合盛元、大盛川等；谷幫指總號設在太谷的票號，主要有志成信、協成乾、大德玉等。前文所述的大德通和大德恆票號都由喬家出資開設，與日昇昌共列票號中實力最強的三家。

清末，外國資本大批湧入，票號業務多被外資銀行奪走，加上清末官府設立了官方的戶部銀行，喬氏票號的很多業務被官辦銀行拿去，公私存款大幅減少，不得不把票號改組為錢莊，卻成了喬家衰敗的開始。辛亥革命時期，隨著滿清的滅亡，原本依附於清廷的喬氏商業大受損失。隨後戰亂頻仍，喬家資本雖然雄厚，在戰亂衝擊之下同樣屢受重創。一九二六年，馮玉祥向西北撤軍途中，向喬家商號和票號攤派了五百萬石糧食和一百五十萬銀圓，也讓喬家元氣大傷。

一九三〇年，蔣介石、馮玉祥、閻錫山中原大戰，讓大德通票號經歷了一次關乎生死且悲壯的選擇。當時閻錫山控制山西，獨自發行晉鈔，但閻中原大戰失敗，晉鈔貶值，幾成廢紙，二十五元晉鈔只能換一元新幣。不少銀行趁機牟取暴利，限定晉鈔存款戶只能兌換晉鈔。但是大德通沒有這樣做，喬家動用了票號歷年存儲的資金，按照新幣兌換給存款戶，最終造成了三十萬兩白銀的虧空。本可以趁機大撈一把的大德通，放棄了東山再起的機遇，做了有史以來最大的一筆賠本買賣。做出這個捨生取義決定的人，正是當時的掌家人喬映霞。喬映霞此一決定並非一時衝動，他算的是良心帳：即便大德通因此倒閉，像喬家這樣的大財團，子弟絕不會淪落到衣食無著的地步；但對一

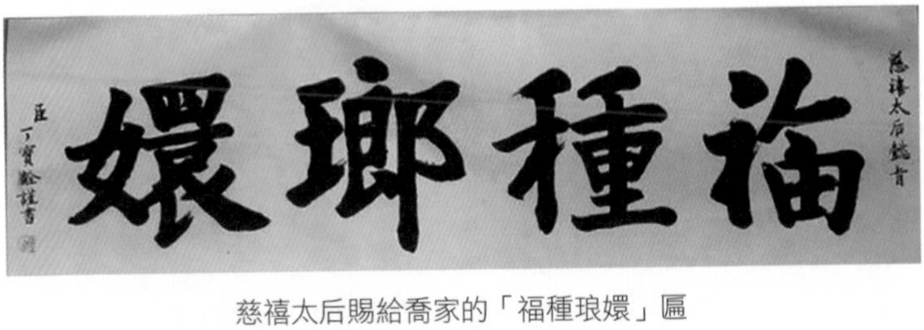

慈禧太后賜給喬家的「福種琅嬛」匾

般儲戶來說，如果限兌晉鈔，將威脅到很多人的身家性命。喬家此舉，為晉商的誠信做出了最具體也最生動的詮釋。

後來，抗日戰爭全面爆發，一九三七年日軍侵占包頭，喬氏復字號當鋪、錢鋪均被日偽組織接收。抗戰勝利後，喬氏商號復工，但已不復當年輝煌，多數職工相繼離號，復字號到了一九四九年已是奄奄一息。一九五〇年，中國大陸公私合營的大潮中，喬家後人喬鐵民、喬子珍等人在包頭把油房、麵鋪廉價讓給職工接辦，把大部分房產平價售予政府，並把部分房產分贈給各號執事的掌櫃居住，房產售價均按股平分。從此以後，喬家與百年復字號徹底脫離了關係。

平遙李氏

道光初年，平遙誕生了中國第一家票號「日昇昌」，以其誕生為標誌，晉商完成了由商業資本向金融資本的轉變。此後近百年，山西票號「執中國金融之牛耳」，匯通天下，創造了令人矚目的經濟奇蹟。而日昇昌票號的財東，正是平遙達蒲村的李家。

李氏原籍陝西漢中，元朝時祖先李實任官於山西，並從那時起舉家遷至平遙達蒲村落戶，成為官宦之家。隨著朝代更替，李家子弟漸漸轉入商業，李氏經商據說始於清雍正年間。

清代，李氏一門傳到李占殿，李占殿生有兩個兒子，分別是李文質和李文贇。長子李文質缺子，次子李文贇生了李大元和李大全兩個兒子。清雍正年間，李大元、李大全兄弟倆開始從事顏料生意，第一家商號是開設於達蒲村的「西裕成」顏料莊。由於當時平遙一帶的顏料經營粗具規模，李家趁勢在平遙西大街設立總號，再加上兄弟倆經營有方，事業發展極快。經過乾隆、嘉慶兩朝，西裕成顏料莊在北京的分店以其規模宏大、資本雄厚，一躍成為眾商之首。與此同時，李家陸續在達蒲村開設了綢緞莊、雜貨鋪、藥鋪、洗衣局、乾果鋪、肉鋪等一系列店鋪，成為平遙首屈一指的富戶。

然而，終究是建立票號之後，李家才迎來了極盛。

嘉慶、道光年間，西裕成顏料莊為了適應埠際商業清償的需要，在經理雷履泰的策劃下，開始進行匯兌業務，日趨繁榮。道光四年（一八二四年），由李大全投資白銀三十萬兩，和經理雷履泰合力將西裕成顏料莊改為專營匯兌業務的日昇昌票號，成為中國歷史上第一家票號，被稱為「現代銀行的始祖」。

創立票號後，利潤豐厚，財富驟增。李氏於道光年間在達蒲村新蓋高聳樓院三處，咸豐、同治年間，又投資新設商號十多處。李氏以日昇昌和謙吉昇票號為中心，在平遙縣城設有日昇裕、日昇厚、日昇通錢莊及日昇布莊和日昇店（貨棧）；在天津設有東如昇等店。李氏所設日昇裕、日昇厚錢莊在平遙縣的錢業中一度操縱行市，稱霸一時。

日昇昌票號的創始財東是李大全，李大全生有李箴視、李箴聽、李箴言三子。道光後期，李大全去世，由長子李箴視主事，其弟李箴言有瘋癲之病，人稱「李二魔子」。李箴視死後，由李箴聽之子李五典掌管家業。

李氏從商所獲利潤，一部分續用於擴大商業投資，一部分消耗於攀附達官顯貴，還有一部分用來購買土地，其餘皆用於李家的奢侈生活。李氏為了滿足生活

李家大院

需要，在達蒲村開設了雜貨、綢緞、藥材、乾果、肉食、水果、成衣、理髮等店鋪，村中人說：「領的李家本，吃的李家飯，賺的李家錢。」

李氏資本的去向具體有以下幾方面：一是蓋房置地。李氏在平遙達蒲村築有四座輝煌巍峨的大院，每座都是三進院，分東西廂房，前庭後院，樓閣相輝，亭榭互映，而且四座大院連接一起，村民稱之為「李家堡」。土地也很多，據記載，李氏在宣統末年「家有土地兩頃」。二是投資商號錢莊。李氏以日昇昌票號為中心，擴大投資，新增商號多處。三是捐納官銜。李氏為了榮宗耀祖和提高家族地位，花了許多銀兩竭力攀官結貴，提高門庭。他們透過捐輸，獲取虛銜。如李大全在世時，捐銜「千總」，去世後其子箴視為其父捐銜「知府加四級誥封通奉大夫」，並為祖父文賚、曾祖父占殿也捐了虛銜。李氏男性多捐有文武官銜，女性也封為「宜人」或「夫人」。嫁女娶媳必門當戶對。四是揮霍浪費。李氏家中雇有許多傭人，僅老媽子、丫鬟、保鏢、護院就有數十人。李氏一家生活作息陰陽顛倒，白天睡覺，黑夜打麻將、吸鴉片。吃飯也是想起就吃，隨要隨到。有時廚師因廚灶火力不旺，把饅頭蘸上油扔到灶火裡，應付李家人的「速食」。

李氏的各商號、票號、錢莊在光緒末年已出現虧賠，辛亥革命後虧賠更是愈益嚴重，債主逼上家門。當時主持李家商號和家業的是李五峰，害怕債主逼債的他，把家中所藏財物寄放在內兄趙鴻猷家中，自己躲起來不見人。後來逼債的勢頭減弱，李五峰向趙氏索取寄存財物，不想趙氏抵賴，不承認有寄存一事。李五

李家大院

峰氣急敗壞想到衙門告狀，又怕招來債主，只好忍氣吞聲，吃了暗虧。最後，顯赫一時的日昇昌票號財東李家，落了個窮困潦倒的下場。

靈石王氏

山西靈石縣靜升鎮王家，源出太原，為太原王氏宗裔，世居靈石縣禹門外溝營村（今南關鎮溝峪灘村）。元代皇慶年間（一三一二～一三一三年），族人王實遷至靈石縣靜升村定居，宗支繁衍，漸成巨族。因王實之前無族譜可考，後世尊王實為靜升王氏始祖。

王實，字誠齋，生有一子名秀。王實最初遷居靜升時，以佃耕為主，空閒時墾荒自耕，年長日久，漸漸有了幾畝薄田，成為獨立自主的農戶。除了種莊稼，亦兼營豆腐坊。明代手工業蓬勃發展，晉商迅速崛起，靜升王氏逐漸從耕讀世家轉向了商宦之家。從王實之後的第十世起，王家有人開始經營棉花雜貨和典當行業，但仍屬初創，不具規模，亦未形成主業，家族仍以農耕為生。另一方面，王氏在農耕和經營的同時，十分注重教育，家族從第八世起讀書人逐漸增多，等到第十八世，共有生員一百二十九人，監生二百二十一人，且出了舉人和進士。家族對修文廟、辦義學、建學館等教育公益事業十分重視，慷慨解囊，大力資助。

王氏家族從第六世起分為五大支派，為金、水、木、火、土，乾隆五十四年（一七八九年）改為仁、義、禮、智、信。如前所述，王家從第十世開始經商，到十一世，資本增多，逐漸成為鉅商大賈。據明朝天啟年間碑文記載，王家「士者，經史傳家，英輩迭出；農者，沃產遺後，坐享年盈；工者，徹通諸藝，精巧相生；商者，逐利湖海，據資萬千。」由此可見當時的王家，士、農、工、商全面發展，成果顯著，資產雄厚，已成靜升村大戶。

清初，王家第十三世孫王興旺叔侄等人看到平川地區的農桑自明末以來飽受戰亂嚴重破壞，畜力極為短缺，瞄準此一商機，往返於冀、魯等地販賣牲畜。憑著義氣、信用、銀錢等，不僅通過了各關隘卡口，也結交了許多燕齊豪勇義士，徹底打通晉、蒙、冀、魯的貿易通路，買賣愈做愈大，資本日趨雄厚。

康熙十二年（一六七三年）吳三桂叛亂，清廷急需軍馬糧草，王家弟兄將二十四匹良馬獻給平陽府，支援平叛，受到平陽知府及步軍統領的讚賞，從而受命為清軍籌集軍馬糧草，不僅從中得到經濟利益，政治地位也大大提高。康熙十五年（一六七六年）叛軍投降，步軍統領上奏朝廷，王氏兄弟受到康熙皇帝褒揚。王氏家族借清廷勢力，生意規模更大，很快便發展成當地有名的巨賈大商、官僚士紳和大地主，與兩渡何家、蒜峪陳家、夏門梁家並稱為靈石四大家族。

王家由耕讀起家，因商宦富族，發跡後大興土木，不斷營造住宅、祠堂、牌坊、墳塋。從康熙一直修到嘉慶年間，形成了規模宏大的王家大院，包括五巷、五堡、五祠堂，總面積二十五萬平方公尺。王家大院由東堡、西堡、宗祠、當鋪、戲臺、傭工院等好幾個部分組成。東堡俗稱高家崖，由王氏十七世孫王汝聰、王汝誠兄弟建於清嘉慶初年，整個大院依山而建，三十五座大小院落鱗次櫛比，層樓迭院，錯落有致，從文化內涵到規模氣勢，從地勢選擇到內部結構設計，無一不體現了王家的磅礴大氣和匠心獨具。

山西靈石王家大院

整個建築在合乎禮制和講究實用的前提下，把造園藝術與造院技巧融為一體，既保存了北方民居的傳統風格，又充分借鑑了南方園林的設計理念，注重運用明暗虛實、濃淡輕重的手法，使整個建築群或如絲竹聲聲，或如群鼓激越，錯落有致，神形俱立，成為不朽於世的民居建築藝術精品。此外，王家大院的藝術價值還表現在木雕、磚雕、石雕，這些雕刻藝術品巧奪天工，仰俯可見，無處不在。那些傳統的吉祥花草、珍禽瑞獸、歷史典故在工匠的精雕細琢下，成為一幅幅或抒發情懷、或寄託希望、或自我勉勵、或訓誡後輩的美麗畫卷，集中展示了中華民族深厚的文化底蘊和王家獨特的治家理念。王家大院以其嘆為觀止的建築藝術和深沉濃厚的文化品味，被國內外眾多專家學者譽為「華夏民居第一宅」和「山西的紫禁城」。民間至今仍然流傳「王家歸來不看院」之諺，足見王家大院地位之高。

王氏家族從清道光年間，大概第十八世後逐漸衰敗，原因除了社會、政治、經濟等多方面的客觀因素，主要是王家子弟不爭氣，日漸奢靡，把祖先勤儉創業的品德拋於腦後。家族中有的人不再以耕讀為本，有的人不繼續從商經營，有的人滿足於一官半職，有的人安樂於錦衣玉食，有的人荒於學而用錢捐官，甚至有人沉迷鴉片，坐吃山空。抗日戰爭前夕，王家雖然還有個別大戶在省內及京津等地保有商號，但盧溝橋事變後都收拾家業，舉家南遷，流落他鄉了。王家大院道光後漸無人居住。

太谷曹氏

曹氏原本居住在晉源縣花塔村（今屬太原市晉源區），明洪武年間，曹家始祖曹邦彥前往太谷縣北洸村賣砂鍋，後來全家定居於此。《清稗類鈔》記載，曹氏有資產銀六七百萬兩，是太谷巨富。

曹氏發跡，始於明末清初「三」字輩的曹三喜。當時曹三喜為了謀生，隨人至東北三座塔（位於今日遼寧朝陽縣）租地、種菜、種豆，後來與一當地人合夥，用所種豆子磨成豆腐銷售，再用豆渣養豬。辛苦經營多年，日漸發達。這時，原合夥人提議分開，各自經營。三喜獨立經營後，辛勤工作，精打細算，從磨豆腐、養豬，又發展到用高粱釀酒，進而開雜貨鋪，生意蒸蒸日上，甚至兼併了原合夥人的生意。隨著三座塔日漸繁榮，人口增多，清廷也開始設廳，進而設立朝陽縣。曹氏由於早在該地開辦商鋪，因此當地有「先有曹家號，後有朝陽縣」之說。此後，曹三喜又將商號開辦到赤峰、凌源及建昌等地，經營範圍擴展為雜貨業、典當業、釀酒業。後來又在瀋陽、四平、錦州等地設立商號，就這樣成了關外大商。

一六四四年清兵入關，已積累相當資本的曹三喜生了思鄉之情，收了三座塔等地的商號，返回太谷縣發展。他首先在太谷縣開設商號，又將商號發展到華北、西北各商埠。曹三喜有七個兒子，他致富後將資產分成七份，讓七個兒子各立門戶，但商業上仍合資經營，七家各出資本十萬兩，組成總管理處，稱「曹七合」。後來，有一個兒子帶著財產過繼給了叔父，「曹七合」被改為「六德公」，六門各有堂名，分別是懷義堂、馨宜堂、留青堂、三多堂、五桂堂，還有一堂佚名。「六德公」合資興辦的商業在清道光和咸豐年間達到鼎盛，旗下商號遍布全中國，不論是濟南、徐州、蘭州、太原、天津、北京、瀋陽、錦州、四平、張家口、黎城、屯留、太谷、長子、榆次，甚至新疆、庫倫、莫斯科和伊爾庫茨克等地都設有曹氏商號。經營範圍亦廣，從綢緞、布匹、呢絨、顏料、藥材、皮毛、雜貨、洋貨、茶葉、典當、錢莊到票號都有。

道光以後，各門漸次衰微，唯獨三多堂一直保持著旺盛的局面。到了曹家二十一世曹克讓，上溯其父輩曹中美、曹中成，祖輩曹培義、曹培智、曹培德，曾祖曹鳳祥等名噪一時的商人，均是出自三多堂。曹氏興起後，很重視族內子弟的教育問題。曹家設有家塾「書房院」，聘請名師任教，教師待遇頗厚，每年酬金在百兩以上。曹氏除了捐官，族內子弟在清末也有考取功名中舉者，而且其中很多人都出自三多堂。比如曹培德，字潤堂，為人精明幹練，曾為直隸候補知府，著有《木石庵詩合刻》、《木石庵文錄》、《木石庵隨筆》、《傅文貞先生年譜》等。曹培德極富治商才能，後棄儒經商，所有曹氏「錦」字商號，如錦豐泰、錦生潤、錦豐煥、錦豐典、錦泉匯、錦泉興、錦泉和、錦泉湧、錦元懋、錦隆德、錦泰亨等，都由他一手創立。

曹培德的墓誌銘如此記述：「太谷之曹，以資雄於並晉間，而木石庵曹君特以名德顯。君諱培德，字潤堂，以字行，別字木石庵。……光緒乙酉，以選拔貢於京，朝考報罷，援例捐內閣中書。……君先以中書加捐至知府，指分直隸試用。……壬寅秋，綏務大臣貽將軍谷奏調君襄綏事，……君沖寒塞外者累月，創設西蒙公司，復返里集款至十餘萬金，事乃舉。……自正太鐵路開，谷商已大減，同蒲線如復不經谷境，為谷計者，尤宜速修榆太支路以通商情，獨惜時人之不能用也。」

曹家大院的「客亦三多」匾額

曹氏對各地商號的管理自成一套，首創的聯號制、分號制更是一大管理特色。曹氏擁有金融商號近四十個，在管理上與其他家族不同的是，它不是面對一個個的字號，而是採取大號投資支號、支號又生小號的辦法，既把管理責任授予大號經理，即所謂「當家的」，又減少了曹氏的操勞，因此大獲成功。這種類似母子公司的制度是曹氏的一大創造。

大號指的是樞紐字號，如勵金德、用通五、三晉川等，其中又以勵金德的權勢最大。勵金德創設於乾隆年間，是曹三喜由三座塔返回太谷後設立的，後來曹氏把再設字號的權力授予了勵金德，因此設在太谷、太原、潞安及徐州等地的字號，全由勵金德出資開設。勵金德就像是曹氏企業的總部，統一核算企業收支，結算盈虧，所以被稱為「當家的」，曹氏的決策都透過勵金德實施。除了大號投資支號，支號也有權再投資小號。比如彩霞蔚本由勵金德投資開設，是經營京廣蘇杭的綢緞、紗羅、綾絹、曲綢等商品的總莊，只做批發不做零售，為了開展零售業以及與俄商的貿易，彩霞蔚在張家口設錦泰亨、太谷設錦生蔚、榆次設廣聚花店、黎城設瑞霞當鋪。再如，瀋陽的富森峻錢莊在四平開設了富盛泉、富盛長、富盛誠等商號。

曹氏的另一個經營特點是「欽差」巡視制。曹家為了管控各外地商號，避免「將在外，軍令有所不受」的現象，財東會派專人巡視，類似皇帝派大臣前往各地巡視。「欽差」一般由上級商號選派並前往各地，在當地少則住幾個月，多則半年一載，但不參與商號的經營事務，只從旁監督與考察。若發現問題就及時上報，巡視期間不得隨意干涉商號的經營。

曹家自曹三喜在東北以苦力經營起家，一直到曹克讓及其子衰落為止，共計連綿二十四代。然而，曹家的經營方式畢竟屬於封建式資本，因此隨著社會發展和國內外政局的變化，在清末走上了衰落之路。

辛亥革命後，白銀改銀圓，銀圓改鈔票，幾次變更，曹氏商號所受虧損達數十萬兩。一九一九年，曹氏在莫斯科、恰克圖、伊爾庫茨克和內蒙古庫倫的商號，負外債銀八十餘萬兩。原持帝俄時代的鈔票每張抵銀一兩，蘇聯革命成功後每張僅值白銀五分，光此一項，曹氏就虧銀三十七萬兩。再加上曹氏商業多開辦於東北各大城市，北洋軍閥混戰時期，張作霖的奉系軍閥大量發行「奉票」，一九二二年第一次直奉戰爭，奉系大敗，導致奉票大跌，曹氏商號又損失一百數十萬元。等到一九三一年九一八事變爆發，日軍侵占東三省，後又成立偽滿洲國，曹氏在遼寧的五個銀號全部被迫歸偽滿洲國政府所有，東北商號更是全數化為烏有。

東北原是曹氏發祥地，東北商號的垮臺自然影響關內商號，再加上曹家後代子孫多吸食鴉片，庸碌無能，根本不問號事。各號掌櫃趁機移花接木，中飽私囊，顯赫數百年的曹家商業，遂一蹶不振，終至衰敗。

平陽亢氏

清初，山西平陽府（今臨汾）的亢氏資財雄厚，據徐珂《清稗類鈔》記載達數千萬銀兩，堪稱山西首富。資產在七八百萬銀兩或百萬銀兩的侯、曹、喬、渠、常、劉諸姓人家，均排於亢氏之後，可見亢氏家族當時不但是山西首富，甚可堪稱富甲天下。

亢氏祖籍山東，明萬曆年間逃荒到平陽。流落此地後，亢氏第一個發跡者亢嗣鼎娶

奉票

了洪洞富戶劉爾夙之女為妻，並在岳父的資助下開始經營鹽業，買賣愈做愈大，從山西一直發展到揚州，名噪江淮，人稱「亢百萬」。

關於亢氏的發跡，有這樣的傳說：明末李自成退出北京後，經山西撤往西安途中經過平陽，為了輕裝趕路，便將攜帶的軍中輜重和大批金銀財寶寄存於亢家，後來義軍覆滅，李自成犧牲，清廷建立了統治權，當初那批寄存的金銀財寶遂為亢氏所有。此一說法雖然流傳甚廣，但純屬民間猜測，諸多學者翻閱大量文獻，並未發現可靠證據。試想，清兵入關後，財政十分困難，滿清大臣祖可法等人曾經提出控制山西、解決財政困難的建議。世上沒有不透風的牆，清軍占領山西後，怎麼可能不索要寄存於亢家的大量金銀財寶？另外，李自成雖死，但李的餘部仍在，且持續戰鬥到康熙初年，他們同樣缺乏經費，哪可能不設法向亢氏索還寄存財寶？換言之，這個傳說恐怕是人們對亢氏成為巨富的猜測罷了。

那麼，亢氏何以成為巨富呢？實際上還是憑其經商才能，一步步致富的。

據乾隆年間《臨汾縣誌》記載，亢氏以經營鹽業起家，兼營典當，同時也是大地主兼糧商。言下之意，亢氏的生財之道不止一端。明初以來，北方邊疆連年用兵，平定後一直駐重兵戍守。駐軍需要大量的糧食，官方運補能力又有限，遂採取「招商輸糧而與之鹽」的辦法，也就是鹽引。只要商人把糧食運到「邊倉」，就可以折價領取鹽引，再憑鹽引前往內地鹽場支鹽、售鹽，這種做法也叫開中法，鹽商獲利頗豐。山西的河東一帶恰恰處於輸糧要衝，平陽商人經營鹽業由來已久。明朝後期，政府將開中法的納粟中

張作霖

鹽改為納銀中鹽，稱「折色」，也就是把糧食折成銀兩，讓許多山西鹽商由定居鹽行轉為內商。亢嗣鼎既有岳父的財力資助，又有平陽趙知府相助，憑其精明的商業頭腦，在鹽業經營中愈做愈大。到清康熙年間，亢氏的鹽業生意早已做到了揚州，與當時江南揚州的兩淮鹽商季氏季滄葦並稱「南季北亢」。而亢氏在揚州的大片房產，即著名的「亢園」。

除了鹽業，亢氏還兼營典當和糧行。典當是封建社會以衣物等動產做質押，進行放款的高利貸機構。清代前期，山西典當商頗多，亢氏就是其中一個資本雄厚的大典當商。相傳，亢氏在原籍平陽設有一間大當鋪，後來有人在附近也開了一家當鋪。亢氏眼見自己開辦的當鋪盈利被別人搶奪，很不甘心，決心擠垮對手，於是每天派人前往該當鋪典當一個金羅漢，典價銀一千兩，連續典當了三個月，把該當鋪的資本幾乎用光了。該當鋪主人著了慌，忙問典當人何以有這麼多金羅漢要典當？來人回答：「我家有金羅漢五百尊，現只典當了九十尊，尚有四百一十尊金羅漢要拿來典當哩！」當鋪主聽了大吃一驚，經再三詢問，才知原來是平陽府巨富亢氏，自知不是對手，最後只好託人居中協商，請亢氏贖回金羅漢，自己關店遠赴他鄉去了。此傳說真假姑且不論，但從側面說明了亢氏當時絕對是典當業的大富商。

亢氏也經營糧行，並從事糧食長途販運業務。清代隨著城市的發展和商品經濟的活躍，糧食貿易規模很大。當時北京是京畿之地，四方輻輳，買米糊口之人

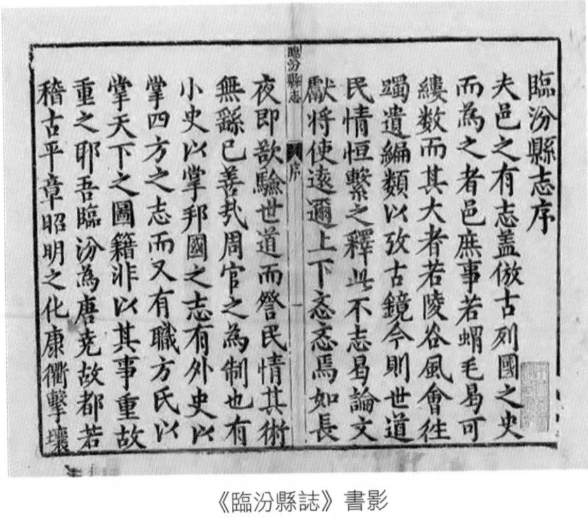

臨汾縣志序

夫邑之有志蓋倣古列國之史而為之者邑庶事若蝟毛曷可縷數而其大者若陵谷風會往蹟遺編類以攷古鏡今則世道民情恒繫之釋此不志曷論文獻將使遠邇上下忞忞焉如長夜即欲驗世道而謦民情其術無繇已善夫周官之為制也有小史以掌邦國之志有外史以掌四方之志而又有職方氏以掌天下之圖籍非以其事重故重之耶吾臨汾為唐堯故都若稽古平章昭明之化康衢擊壤

臨汾縣志 序

《臨汾縣誌》書影

倍繁於他省，而北京資本最多、規模最大的糧行，正是亢氏在正陽門外開設的。據說因其名聲響，曾有人圖謀半道劫奪由外地運往該糧店的糧食，後來被一位王爺知道了，拔刀相助。正因亢氏的糧商名聲在外，才會招來劫糧者。此外，亢氏也是擁有大量田宅的大地主，在原籍平陽府「宅第連雲，宛如世家」。

亢家的日常生活異常奢侈，在娛樂、婚嫁上一擲萬金，令人咋舌，十分張揚狂妄。饑民成群結隊沿街乞討時，亢百萬竟當眾揚言「上有老蒼天，下有亢百萬，三年不下雨，陳糧有萬石」。這種狂妄無形中也把亢家放在了眾矢之的的尷尬位置，後來就連皇帝都盯上了亢家的銀子。乾隆年間因外事征戰、內興土木，國庫日益空虛，朝廷便想起了亢家，用乾隆的話說：「朕向以為天下之富，無過鹾商；今聞亢氏，則猶小巫之見大巫也！」亢氏從明末到這時已傳五代，此時的當家主人叫亢其宗。清廷為霸占亢家財富，故意設局，給了亢其宗一個管理河工與鹽務的官做，亢其宗以為皇恩浩蕩，欣然赴任，本想做出一番大事業，不料河、鹽雙雙虧空巨大。乾隆藉此為名，籍沒亢家，被當時人戲稱是「皇上向亢家借看家銀子」，亢家就衰落了下來。

介休侯氏

侯氏出自介休縣北賈村，原是南宋孝宗隆興年間由陝西遷入的。清康熙時，侯家家境一般，侯家後人侯萬瞻外出蘇杭一帶經商，專販綢緞，兩個兒子長大後與父親一起販運。他們南販北運，經過幾十年辛苦經營，獲利頗豐，家業漸興。到了侯萬瞻的孫子侯興域時，侯家已是外有商號數十處、內有大量房產土地的赫赫財主，介休人稱「侯百萬」。

承前啟後的侯興域生於清乾隆年間，卒於嘉慶年間。他以繼承的祖業為基，苦心經營，使侯氏的財產達數百萬兩以上。侯興域發展起來的商號，比較知名如設在平遙的協泰蔚、厚長來、新泰永、新泰義、蔚盛長；設在介休張蘭鎮的義順恆、中義永；設在晉南運城的六來信等。這些商號大多是雜貨鋪、綢莊、茶莊和錢鋪。清嘉慶十三年（一八〇八年），已年過花甲的侯興域除了留下一部分家產養老，將餘下家產分成六股，分給了六個兒子，分別是泰來、恩來、慶來、迪來、章來、榮來。

侯興域去世後，長子泰來、次子恩來相繼去世，三子慶來成了家長，侯氏六門的生意都由他掌管。侯慶來頗有才幹，一手掌家，野心勃勃，持家後首先把位於平遙的蔚盛長、協泰蔚、厚長來、新泰永商號都改為帶「蔚」字的蔚泰厚、蔚豐厚、蔚盛長商號。據說之所以如此改名，是因侯興域字蔚觀，改成蔚字號是為了永誌父親創業維艱、教育後輩永世不忘之意。侯慶來還在北賈村大興土木，建築宅院，極盡富麗堂皇。侯氏大廳上曾有晉商兼知名書法家徐潤寫的一副對聯：「讀書好，經商亦好，學好便好；創業難，守成亦難，知難不難。」

道光初年，侯慶來為了適應市場變遷，把蔚字號均改為票號。但他英年早逝，三十六歲便去世，侯氏業務在其子侯蔭昌的大力經營下飛速發展，蔚字號成了國內著名票號。

侯家的蔚泰厚原是綢緞店，開設在平遙西街，和著名的日昇昌票號鄰近。侯氏見日昇昌由顏料行改成票號後生意興隆，十分眼紅，卻苦無熟練人手。恰巧日昇昌票號副經理毛鴻翽與經理雷履泰不和，毛鴻翽受到排擠，侯蔭昌便趁機把毛氏拉了過來，道光十四年（一八三四年）將蔚泰厚綢布莊轉型成票號，聘毛氏出任總經理。毛鴻翽感激侯財東知遇之恩，誓與日昇昌票號決一雌雄，銳意經營，在他操辦之下，侯氏的蔚豐厚、新泰厚、蔚盛長、天成亨、蔚長厚、蔚泰厚等六家均改為票號，經過道光、咸豐、同治幾朝下來，獲得很大發展，在中國五十多個省、市建立了分莊，成為信譽很高的介休「侯氏蔚字號」。到了光緒年間，總資產高達七、八百萬兩銀子，在晉商票號中一舉成名，名列前茅。

侯氏蔚字號的發展除了經營有方，還用過一些特殊手段。太平天國革命期間，蔚字號在東南各省的分莊損失慘重，致使平遙的票號發生擠兌現象，票號信用搖搖欲墜。在這關鍵時刻，侯氏用騾馬車成隊結夥地從介休北賈村往平遙的票號運送銀兩，應付擠兌局面，讓客戶重拾信心。誰知浩浩蕩蕩的運銀車輛中，有一部分銀箱內裝的不是銀兩而是石頭，用「瞞天過海」的手法度過了擠兌風潮。

侯蔭昌的兒子侯從傑同樣是經商能手。據〈侯從傑墓誌〉可知，侯從傑「庚子以後，海內商業大局岌岌，君獨籌畫周密，他商亦均取其法」。侯從傑去世後，由其妻王氏代管蔚字號商事，人稱「侯四太太」。這時蔚字號已呈現江河日下之勢，但侯家豪華奢侈之風依舊。侯蔭昌的侄孫侯奎是介休縣赫赫有名的揮金如土闊少，當時介休流傳：「介休有個三不管，侯奎、靈哥、二大王。」這「三不管」中第一位就是侯奎，靈哥則是介休大財東冀國定的長孫，二大王是介休大財東郭可觀的弟弟郭壽先。他們三人在平遙、介

位於平遙古城南大街的蔚盛長珍藏博物館，前身是蔚盛長票號舊址

休一帶仗著有錢有勢，橫行霸道，無人敢惹。

辛亥革命以後，侯氏各地商號在兵荒馬亂中大受損失，紛紛倒閉，但侯家的太太和少爺們仍然過著養尊處優的奢侈生活，吸食鴉片，每餐必酒肉海味。侯家的經濟來源斷絕，只能坐吃山空，靠出賣財產過活。民國十年，蔚字號全部停業。到了抗戰前夕，顯赫一時的介休侯家末代子孫侯崇基已是日不果腹，待日軍進入山西時，終因煙癮發作，凍餓而死。

再大的家產都禁不住驕奢淫逸、腐化墮落的無度揮霍。不單是侯氏，多少晉商名門都因為子孫的揮霍無度而走向沒落。

徽商的儒學情結

徽商是除晉商外，中國商幫的重要一支，萌發於東晉，成長於宋唐，興盛於明清，至清道光年間逐漸衰落。徽商是舊徽州府籍的商人或商人集團的總稱。他們還有另外一個名字——「新安商人」，因徽州府古時又稱新安郡，且境內有新安江流過。從隋朝到辛亥革命廢府留縣，徽州歷史上所轄的六縣分別是歙縣、黟縣、休寧、績溪、婺源和祁門。以現今行政區域劃分來看大致位於安徽南部，婺源如今已劃入江西。

鼎盛時期的徽商一度占有全中國總資產的大半。徽商亦儒亦商，辛勤力耕，有「徽駱駝」、「一代儒商」等美稱，活動範圍遍及海內外，甚至遠至日本、東南亞及葡萄牙等地。大江南北都流傳「無徽不成鎮」的說法，可見徽商影響之大。

徽商的崛起

徽州地處皖南崇山峻嶺之中，向來是「七山半水半分田，二分道路和莊園」，土地數量稀少，成片的可耕地更少，人稠糧缺。然而，徽州有竹、木、茶、瓷土、生漆等異常豐富的天然資源和大量特產，地理位置「上接閩廣，下接蘇杭」，水陸交通便捷，促使徽州人開闢了一條走出大山、以商代耕的路子。

徽州人經商，歷史悠久，早在東晉就有新安商人活動。此後，歷經唐代的發展，到了五代時期，北方戰亂不斷，人口大規模南遷，江南得以充分開發，先進的觀念和生產方式隨之傳入。徽州地處江南，與此地相隔不遠的今南京人口稠密、經濟富庶，對徽州特產木材、茶葉等需求量極大，鼓舞了徽州人的經商熱情，徽商初步形成。

南宋遷都杭州後，徽州離杭州比較近，又有新安江水路直通，徽州人抓住了經濟重心南移以及與經濟發達地區毗鄰兩大機遇，全力發展。宋朝理學家朱熹的外祖父祝確就是先在外做生意，資金回流後到歙縣開了許多店鋪、客棧，生意規模占了徽州府商業規模的一半，人稱「祝半州」。在宋朝，像祝確這種等級的商業巨賈屈指可數，但到了明清，這類富戶比比皆是。徽商做為一股商業勢力、一個商幫而引起社會的關注，應是明朝中葉以後的事。

明朝初年由於長期戰爭的消耗，社會生產力遭到極大破壞，為了恢復經濟，明太祖朱元璋頒布了一系列休養生息的政策，而且身為歷史上最不喜歡商業、也最不重視商業的皇帝，他主張重農抑商。後來，相關政策慢慢鬆動，到了明朝中期的成化和弘治年間，社會生活相對穩定，商業形勢和社會形勢不像明初那樣緊繃，徽商才漸漸嶄露頭角，形成了徽州人集體從商並致富的現象，除了給人們留下「徽駱駝」的整體印象，徽商群體也形成了一定的影響力。歙縣的《許氏世譜》說：「徽歙以富雄江左，而豪商大賈往往挾厚貲馳千里，播弄黔首，投機漁利，始可致富。」

結夥經商可以共用市場資訊、公共資源，還能集中資本，擴大規模，形成壟斷，從而降低經營風險，增加競爭力。古代交通不便、治安不好，徽商崛起之時，晉、陝、閩、粵等地的商人同樣在長途販運貿易中力求發展，徽商想在這一波激烈競爭中獲勝，以宗族為核心的地域性幫派成了重要的憑藉。再加上南宋朱熹理學強化了徽州人的宗族制度和宗法觀念，更讓這種牢固的血緣和地緣關係成為徽商的黏合劑。他們藉由血緣、地緣，在經商之路上相互提攜，在商業競爭中互通有無、互相扶持，凝結成商業「團隊」，保證了事業的成功。

朱子闕里，賈而好儒

前文提到，朱熹的外祖父是徽州當地的豪商大賈之一，徽州是朱熹故里，向以「東南鄒魯」之名馳譽遐邇。明萬曆年間《歙志》記載，徽州「人文鬱起，為海內之望，鬱鬱乎盛矣」，被稱為「文獻之邦」。徽州人，特別是士人，往往自認是朱熹的「私淑」弟子，對朱熹頂禮膜拜。宋元以來，徽州的教育事業向來特別發達，在「朱子之教」的陶染下，書院大興，除了按定例設府學、縣學，還有社學和私塾教授鄉里子弟。徽州商人自幼接受不同程度的儒學教育，養成了讀書向學的習慣，之後雖「棄儒服賈」，但「亦賈亦儒」，在經商時通常也繼續保持讀書好學、吟詩作畫的傳統。可以說，業儒和服賈是徽州人的兩項主要職業，而且這兩種職業經常融合在一起。「賈為厚利，儒為名高」，徽商雖孜孜追逐厚利，但更念念不忘「名高」，「賈而好儒」因此成了他們的基本特徵，從這個角度來看，徽商可謂典型儒商。

明代大名士王世貞如此分析徽商：「徽地四塞多山，土狹而民眾，耕不能給食，故

臺北故宮博物院藏朱子像

多轉賈四方，而其俗亦不諱賈。賈之中有執禮行誼者，然多隱約不著。而至其後人始往往修詩書之業以謀不朽。」認為徽州人之所以從商，是因為地理環境始然，多山而土狹，物產無法自給，只能走出去，轉賈四方。王世貞也指出徽商中「有執禮行宜者」，意即儒學修養高的人。在濃厚的徽州傳統文化和傳統價值觀影響下，經商謀利只是徽州人為了解決生存和發展的一種手段，用經商所得之厚利讓子弟業儒入仕、顯親揚名，才是他們的終極關懷。

從徽州的楹聯裡，同樣感受得到此地重文重教的風氣——「幾百年人家無非積善，第一等好事只是讀書」、「友天下士，讀古人書」、「得山水情其人多壽，饒詩書氣有子必賢」、「承繼先祖一脈相傳克勤克儉，教子孫兩行正路惟讀惟耕」。徽州民間還流傳「三世不讀書，等於一窩豬」等諺語。

從這些楹聯可以看出，徽州人特別希望子孫讀書成名，光耀門楣。他們雖然在經濟上已經富有，目標卻不限於此，深知「士」比「商」高出許多，讓子孫讀書、做官，才是最最可觀的收益。歙商鮑柏庭原本家境十分貧寒，後來「業浙鹺，家漸饒裕」，常常說：「富而教不可緩也，徒積資財何益乎！」像這種「富而教」的想法在徽商中非常普遍，有的商人到了臨終，仍然殷殷勉勵子孫認真「習儒業」。歙商汪鏜病危之際，還對子孫說：「吾家世著田父冠，吾為儒不卒，然簏書未盡蠹，欲大吾門，是在爾等。」徽商著力培養子弟讀書，令其子孫能更好地繼承祖業，也讓「喜敦詩書」的風氣代代沿襲，以致徽州境域內的每一

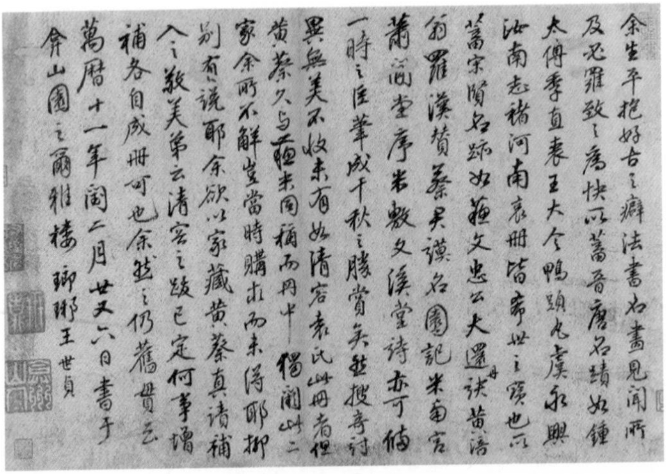

明代王世貞書法作品

代商人，都因接受過儒學教育而形成了一支有文化、明義理的商幫。

很大一部分徽商的人生道路都遵循著以下軌跡：先「業儒」，後讀書，後因家族影響等原因不得不經商，在經商的同時，仍然讀書不輟，最後甚至在文化上小有建樹。徽商是醉心文化的商人，商人氣息濃重，但也不乏書卷氣。

好比明代嘉靖、萬曆年間的徽商鄭孔曼，「雖游於賈，然峨冠長劍，褒然儒服，所至挾詩囊，從賓客登臨嘯詠，翛然若忘世慮者。著騷選近體詩若干首，若〈吊屈子賦〉、〈岳陽回雁〉、〈君山吹臺〉諸作皆有古意，稱詩人矣。」雖以經商為業，卻完全是一個儒生的形象。又如清代徽商汪孟翊，二十一歲就補了博士弟子，但屢試不第，只好繼承父親的鹽業生意，曾說：「賈山涉獵，不為純儒；子貢廢舉，亦稱賢士。」認為做了商賈就不算是純粹的儒者，但同樣經商的子貢仍然是孔門弟子中的賢人，所以即便入了商賈行列，也不妨礙自己做一個賢人。

大多數徽商都是「亦商亦儒」。黟縣人鄭作四處經商，卻「挾束書，弄扁舟，孤琴短劍，往來宋梁間」，完全是一派書生形象。另一位黟縣商人余士溥，白天經商之餘，常常「手不釋卷，無事不出戶庭」，晚上仍焚膏繼晷，讀書至深夜，雖是商人，學問卻很淵博。歙縣富商王延賓在吳、越、齊、魯等地做生意，「性穎敏，好吟詠，士人多樂與之交，而詩名日起」。有人對他母親說：「業不兩成，汝子耽於吟詠，恐將不利於商業。」他母親卻說：「吾家世承商賈，吾子能以詩起家，得從上游幸矣，商人之利何足道耶！」可見即使從商，徽商仍然留心經史詩賦，結交名士文人，保持著文人風範。

徽商的文人性格決定了他們的價值取向，也讓他們找到了一條能夠獲得心理平衡的路徑，更是一種儒商互濟的策略。徽州人知道，經商能夠為讀書提供經濟保證，讀書入仕則可以光大門楣，反過來為經商提供政治靠山，讓家族長保興旺。徽商家族中，往往是父兄在外經商，子弟在家讀書，如果兄弟有數人，則有的經商，有的讀書，大多數情況都是兄長經商，弟弟讀書。徽商吳次公一生經商，生有四個兒子，臨終時留下遺言，要大兒子和二兒子繼續經商，三兒子和四兒子讀書，要求「四人者，左提右挈」。另一種情況則是上一輩經商，下一輩讀書入仕，形成良性循環，很多徽州籍文人學者都出身於商人家庭，在先輩創造的良好讀書條件中成才，比如胡適、汪道昆、金聲、戴震、凌廷堪、王茂蔭等人，都是如此。

此外，儒商互濟的另一種表現是，文化修養使徽商比其他商人更具經商智慧、更善於把握商業機遇。他們憑著自身文化修養結交文人和士大夫，由於後者往往是朝廷官僚，也讓他們可以輕鬆了解朝廷的經濟政策和各種資訊，隨之藉機抬高己身。舉例來說，清代徽商在兩淮鹽業中占據優勢地位，就和他們的「好儒」分不開。著名徽商巨富江春以業鹽起家，曾是乾隆時期「揚州鹽業八大總商」之首，他年輕時讀書，後來雖然經商卻喜歡結交文人名士，著有《隨月讀書樓詩集》、《黃海遊錄》等。與文人的聚會使江春增長了見識，加強了才幹，甚至以布衣的身分與乾隆皇帝結交，這種「一夜堆鹽造白塔，徽菜接駕乾隆帝」的奇蹟，更讓他被譽為「以布衣結交天子」的地表最強徽商。

深入分析徽商「賈而好儒」的心理，不難看出「好儒」背後那矛盾交織的自尊和自卑。在傳統觀念中，「商」是四民之末，雖然他們透過經商致富，但仍然屬於「末等公民」。為了維護自尊，為了提高社會地位，徽商一擲千金，花很多錢捐官、買官，並與有地位的文人名士交往，又竭力培養子孫走「儒」的道路。這一切似乎讓他們贏得了自尊，但也恰恰反映了在根深柢固的傳統面前，他們無法淡然的自卑。

徽商的成就與貢獻

徽商興盛於明清，一代代徽商前仆後繼，以自身的智慧和勤奮，共同締結了徽商的成就。徽商的商業活動積極促進了商品的流通、城市經濟的繁榮，甚至擴大了社會分工。明清正值資本主義萌芽與發展期，徽商聚集巨量貨幣資本，當時已有少量的商業資本開始與生產相結合，逐步轉為產業資本。徽商不僅透過經濟活動使徽州及其他活躍區域的市鎮興盛繁榮，在政治上也積極參與抗倭鬥爭，又創造了眾多老字號，讓後人受用至今。

一、推動徽州和其他市鎮的繁榮

徽州風景秀麗，清榮峻茂，但人多田少，尤其是歙縣南部新安江兩岸幾乎沒什麼田地，都是石頭山，種的都是玉米之類的雜糧，連水稻都無法種植，歷史上長年糧食不足，徽州人如果不經商，連生存都成問題。他們必須與外界進行商品交換，必須走向山外的廣闊空間。另一方面，徽州雖地處深山環抱，離江浙東南發達地區卻近，同樣促進了徽商的崛起。

徽商的商業活動也反過來讓徽州擺脫了貧困，大量農業人口的轉移減輕了徽州的土地壓力。徽商致富以後，又將大量的資金投入了徽州各項基礎建設，在家鄉修宅第、建祠堂、造園林，大大改變了徽州原先落後的面貌。祠堂是徽商捐資最多的建築類別，可見得他們十分重視宗族的榮耀，有些人在捐助時甚至不考慮承受能力。比如民初歙縣商人汪嘉樹，為修建祠堂，「力實不支，至於鬻田稱貸。祠成而仍饑，有食觀音粉者，見之惻然」。汪嘉樹克服萬難都要修建祠堂，可見宗族歸屬感之強烈。此外，徽商紛紛在家鄉從事公益事業，大大改善了農村的生活環境，其雄厚的資產也成了推動徽州文化的堅實基礎。

除了徽州本地，行走於全中國的徽商也推動了其他市鎮的興起與繁榮。尤有甚者，有些市鎮就是由徽商建立的，比如在太倉州經商的徽商錢璞，「因其鄉陸公堰舊有小市，遂捐貲修葺，更其市名曰新安，有無貿易，貨物流通，鄉民便焉」，因為定居於陸公堰，便在當地捐資修葺，把其市名改為「新安」。也有些市鎮因徽商而興起，比如太倉州的劉河鎮有位金姓徽商，「齎資本至劉河，始創造海船」，自此當地商販「如雲而起矣」。徽商的經營讓很多市鎮繁榮起來，促使市鎮人口迅速增加。徽商在這些市鎮進行的貿易活動吸引了大批人口湧入，相應地興起了牙行、酒肆、茶館等商業場所，促進了市鎮經濟的發達與繁榮。

此外，徽商將大部分商業利潤都用於興水利、修道路、築亭橋、賑災濟貧、資助書院等「義舉」，對其資助地區的城市基礎建設與公益事業做出了巨大貢獻。清光緒年間的《婺源縣誌》中有很多相關記載：婺源商人

建於明代的安徽歙縣鮑氏支祠

程金廣「自少任俠不羈，父與親友合夥業茶……（程金廣）請肩父任，許之，經營有年，訾饒裕，創建宗祠，輸數千金，以成父志，他如修橋、葺亭、施棺、濟乏，亦多捐助」；茶商程國遠「嘗偕友合夥販茶至粵……其他修宗祠、建義倉、興賑會、施棺木，均歸美於父，不自以為德焉」；茶商李登瀛「嘗業茶往粵東……凡文廟、義倉以及京都會館、橋梁、道路無不踴躍捐輸」。徽商此類善舉義行，史志中比比皆是，不勝枚舉。

二、積極參與抗倭鬥爭

從元末到明朝中葉，來自日本的倭寇頻頻侵犯中國東南沿海，除了沿海劫掠，還從事走私貿易，帶來了巨大的災難。倭寇每到一處，「毀民居，劫庫藏」，所經之地必掠，所掠之地必焚。這種破壞延續了十餘年，國難當頭，也讓徽商毅然加入了當時的抗倭鬥爭，出錢出力。

首先，徽商慷慨解囊，捐資築城。明初有定制，「附郭不城」，即城市外面不建城牆，再加上明中葉海防廢弛，軍隊腐敗，以至於在倭寇突然襲擊時，既沒有守備的人，也沒有守備的城牆，造成了巨大損失。為了抵禦倭寇，很多地方紛紛築城，然而，明朝中期國家財政發生危機，築城費用一般由地方自籌，此時握有雄厚資本的徽商發揮了很大的作用。舉例來說，休寧原無城牆，縣大夫委託鉅賈程鎖籌備修城事宜，程鎖慨然應允，但其族人程甲家中貧困，難以籌款，程鎖便代替程甲捐了一些錢。

又比如嘉靖年間，倭寇侵犯江南北諸郡，圍城瓜洲（今揚州市邗江區），快破城之時，守軍退敵無策、指揮無方。這時原在瓜洲經商的歙商凌珊挺身而出：「非重賞無以得死力者以保危城。」

意即沒有重賞，怎麼會有拚死獻身的人！打開自己的錢袋，遍散金銀，派青年在四處宣傳抗敵，招納義士，並對投奔而來的人委以各種職務，隨後又整頓城防，添置禦敵設施，井井有條。倭寇見狀，不敢侵犯。倭寇退後，守城官員前來拜見，卻發現凌珊早已悄悄離開。

徽商積極參與抗倭，除了捐資，有些人甚至棄賈從戎，親自上戰場。休寧商人程良錫就是典型。他原本是個商人，曾經「挈重貲，賈浯溪，晝則與市人昂畢貨殖，夜則焚膏翻書弗倦，盡讀《陰符》《黃石公》諸書暨《孫吳兵法》，日與諸豪士試劍校射」。他三次應武試，卻都不中，懷著「立功名，垂竹帛」的抱負，毅然棄賈從戎，例授宣州衛指揮僉事。倭寇猖獗時，程良錫毫不畏懼，指揮將士以強弩射倭，立斃倭寇十七人。倭寇仍未退卻，「君乃奮劍賈勇，驅壯士馘斬虜賊六人，城危遂解」。程良錫屢立戰功，上級迭行嘉獎，總督胡宗憲深為器重。

有些徽商雖未棄賈從戎，但在倭寇兵臨城下之際，挺身而出，親自動員群眾，領軍抵抗倭寇。嘉靖三十四年（一五五五年），倭寇從浙江竄到徽州，潛入歙縣境內，驚慌失措的守將竟然下令拆毀民房，以防止倭寇火攻。歙商許谷堅決反對，「未拒守而先毀夷，脫有漏言，示弱已甚」，自告奮勇帶領群眾據守東門。守歙期間，許谷充分發揮了自己的才能，「盛軍容，晝旌旗，夜火鼓，踐更者以期至，失期有誅」。倭寇知其有防備，「聞先聲而退二舍」。後來，倭寇進犯蕪湖，蕪湖與休寧一樣，無城牆可守，歙商阮弼毅然負起了守土之責。他倡議捐資招募強壯少年，配合土著壯丁數千人，誓與倭寇決一死戰。倭寇知道有防備，嚇得連夜逃跑，使蕪湖免去了一場浩劫。為了紀念阮弼的功勞，後來人們把蕪湖西門稱為「弼賦門」。

三、促進徽州地區文化教育的發展

「賈而好儒」的徽商推崇文化，重視知識，恪守崇儒重教的傳統，與文化教育有著不解之緣。徽商主張「賈為厚利，儒為名高」，把商業利潤與文化揚名結合在一起，將文化融入商業，並在實踐中逐步形成一套具有自身特色的徽商文化。他們嗜書成癖，不僅博覽群書，還著述傳世；他們致富後握有雄厚的經濟實力，也獲得了更廣闊的文化視野和寬厚胸襟；他們在異地他鄉投資房產，在當地開店設鋪、造亭樓、置典籍、購古玩；他們也廣交名流，廣結文士。徽商在商業經營中積累的大量資產，很多都投資在文化教育事業，對於徽州地區文化教育的發展具有舉足輕重的作用。

首先，徽商重教興學，斥資興建了許多書院。明清時期，徽州一地的書院在全中國最為興盛，而這些書院大多由徽商投資興辦。據不完全統計，明清時期徽州的書院有九十多所。書院的建立和運作需要耗費大量錢財，沒有徽商強大的經濟實力做後盾，實難想像其發展。以歙縣的紫陽書院為例，徽州鹽商徐士修為其「增置號舍，又捐銀一萬二千兩以贍學者」，項琥捐銀五千兩等。乾嘉年間，揚州的歙商為了修復山間書院和紫陽書院，共捐銀超過七萬兩，其中兩淮總商鮑肯園獨捐銀一萬一千兩。再如嘉慶年間，歙縣重修碧陽書院，知名徽商胡學梓毫不猶豫帶頭捐銀五千兩。

除了徽州，其他地區也有徽商捐資修築書院的事例。揚州府城的梅花書院、安定書院和儀征的樂儀書院大多由兩淮商人出資興建，其中多為徽商。杭州的崇文書院與漢口的紫陽書院則是徽商在僑居地創辦的商人書院中比較有代表性的。

崇文書院始建於明代萬曆年間，當時官府規定，沒有戶籍的子弟不能進入杭州府學讀書，更無法參加鄉試。這些徽州鹽商子弟家中雖有錢財，卻因戶籍問題而與仕途無緣。當時的巡鹽御史葉永盛便向朝廷奏議，為鹽商另置商籍，等同於落戶，獲得了批准。從此以後，鹽商子弟和浙籍學子一樣有在杭州讀書和參加科舉的權利。葉永盛還借來別墅，為鹽商子弟辦講堂，在杭的徽州鹽商十分感動，紛紛把孩子送來就讀。由於路途遙遠，交通得靠小船，葉永盛覺得利用小船做為遊動書齋不失為授課妙法，也讓這種奇異的授課形式後來成了杭州四十二景中的一景——「崇文舫課」，並一直延續到清朝。葉永盛任滿離開杭州後，鹽商們集資買下別墅，改稱「崇文書院」，又在書院後面為葉永盛立了生祠，早晚供奉。

漢口的紫陽書院由漢口徽商於康熙三十三年（一六九四年）建立，由於規模特別宏大，歷時十二年才竣工。建成後的紫陽書院主體建築及其附屬設施形成了一個蔚為壯觀的龐大建築群。乾隆時期徽州學者王恩注指出：「我徽士僑居遠方，所在建祠以祀朱子，而唯漢鎮最巨。」漢口紫陽書院具備了祭祀、講學、會館等功能，成為徽州人祭祀朱熹、聯絡鄉情、講學辦學、商業交流和舉行各種慈善事業的場所。

其次，徽州人熱衷於藏書，徽商憑藉雄厚的經濟實力，更喜搜羅和刊刻典籍。家藏萬卷的徽商多之又多，有「海內十分書，徽州藏二分」之譽。乾隆年間修《四庫全書》，四庫館向天下徵集遺書，當時捐贈圖書超過四百種的僅四人，其中三個是徽州商人，即鮑廷博、汪啟淑和馬裕。大多數藏書家以能為文人士子提供求知場所為榮，以之為興建書樓的旨歸。當時這些藏書家不僅藏

古紫陽書院

書，還刊刻典籍、珍本、善本，為文人士子提供許多便利。

再者，徽商十分關注新安文化，大力資助新安畫家。明末清初在徽州出現的新安畫派善用筆墨借景抒情，表達內心的逸氣，展現畫家的人品和氣節，繪畫風格趨於枯淡幽冷，具有鮮明的士人逸品格調，在當時的畫壇上獨放異彩。徽商對畫家的支持贊助主要是收藏書畫、修會所、辦文會等。這些稀世珍品匯集到徽商手中後，他們往往邀請儒雅之士一同品賞。新安畫家們能夠對前人繪畫進行精深研究，多半是受益於徽商的購買和收藏。據統計，明清以來徽州有畫家七百六十七人，一個地區能在幾百年之內湧現如此多知名畫家，其他地區無法匹敵。

新安畫派畫家弘仁的山水畫作

徽商創造的老字號

徽商本質上是儒商，經營時主張「以德治商」，對此亦深有自覺和把握。徽商具備了極佳的品牌意識，十分注重這類無形資產的建立，也讓一代代徽商在長年經營中造就了一批享譽全中國的老字號。其中，人們耳熟能詳的有張小泉、張一元、胡慶餘堂、謝裕大、王致和等，這些老字號是徽商幾百年輝煌的縮影，體現了徽商以德治商、講求信譽的經營哲學。

「張小泉」剪刀

「北有王麻子，南有張小泉。」張小泉剪刀是徽商老字號的代表，是目前中國刀剪行業中唯一的馳名商標，在全中國市場覆蓋率和占有率一直穩居同行之首，產品亦遠銷東南亞、歐美等地。張小泉品牌成名於一六六三年，如今已興盛了三百多年。張小泉剪刀鋒利精美，採用鑲鋼鍛打技藝，經過七十二道工序製成，其鋼鐵分明、磨工精細、剪切鋒利、開合和順、樣式新穎、手感輕鬆，一直為人所稱道。

張小泉是明末安徽黟縣會昌鄉人，其父張思家出身鐵匠之家，以鍛打剪刀出名。張思家自幼在以「三刀」聞名的蕪湖學藝，為了養家糊口，在黟縣城邊開了「張大隆剪刀鋪」。張小泉三、四歲就蹲在爐邊幫忙拉風箱，八、九歲就當父親的幫手，學著打小錘。在父親的悉心指點和磨練下，沒幾年工夫就練了一手製剪的好手藝，不但學會祖傳手藝，自己也在熔、鑄、鍛、打、磨各方面琢磨，想了許多巧法，打鐵本領比父親高出一籌。之後，張小泉刻意求師訪友，技藝大進，經過反覆琢磨，終於創製出嵌鋼製剪的新技術，原料選用著名的「龍泉」鋼，製成的剪刀鑲鋼均勻，磨工精細，刀口鋒利，開閉自如，名噪一時。專業手藝人如裁縫、錫匠、花匠等都慕名前來訂製。

後來，張小泉娶妻成家，有了三個兒子，因為在家鄉得罪了一個惡霸，攜家帶眷前往杭州謀生，父子四人在杭州大井巷開了一間鐵鋪。大井巷位於吳山腳

張小泉店鋪

下，地處繁華街區，鐵鋪生意興旺，再加上他手藝好、產品精，對顧客又殷勤，人人都喜歡光顧。

此地還有一個流傳甚廣的張小泉故事。

大井巷有口大井，井水很深，大街小巷家家戶戶都用這口井裡的水。有一天大家挑水時，吊起水一看，井水黑漆漆猶如爛泥漿，臭味濃烈。這時一位年紀很大的老人說，他小時候曾聽老一輩人說過，這口大井直通錢塘江，江裡有兩條烏蛇，每隔一千年就會鑽到這口清涼的大井裡交尾下蛋，黑漆漆的井水就是烏蛇吐出的毒涎。眾人聽了，忙問烏蛇何時才走。老人回答只能由牠，如果想制伏烏蛇，只能下井與之拚搏。

大水井深不見底，就算沒毒蛇也沒人敢下去，張小泉一聽說這事，自告奮勇要去井底看看。他叫人買來老酒和雄黃，又叫兒子拿來自己的大錘。他把雄黃倒進一罈老酒裡，咕嘟咕嘟一口氣喝乾，再脫下衣服，把另一罈酒往頭頂上一倒，讓雄黃酒從頭頂直淋到腳跟。接著拿上大錘，繫上繩子，跳進了大井裡。

喝了雄黃酒的張小泉一點也不怕烏蛇，四處尋找，終於在暗處發現了兩條黑得發亮、有手臂那麼粗的烏蛇緊緊盤繞著。張小泉眼明手快，不等兩條烏蛇分開就掄起大錘，朝著蛇的七寸「咣、咣、咣」砸了三錘，錘錘都砸在要害，把兩條烏蛇的脖頸砸得扁扁的，就這樣被砸死了。張小泉一手提著大錘，一手拎著蛇尾，慢慢泅出水面，圍在井邊的鄉親趕緊放下繩索，把他拉了上來。爬出井後，他把兩條烏蛇往地上一摔，「咣」一聲把大家嚇了一大跳，原來這兩條烏蛇已修煉成精，煉成了鋼筋鐵骨，要不是張小泉是個出色的鐵匠，恐怕還制伏不了呢。

除掉兩條烏蛇後，井水又變清澈了。張小泉把兩條蛇拖回家裡仔細看了好久，在紙上畫出了圖樣，並和兒子們照著圖樣，在蛇頸相交處安上一枚釘子，把蛇尾彎過來的地方做成把手，再把蛇頸上的一段敲扁，又打磨了一番，就這樣打造出一把帶蛇形把手的新式大剪刀。他把這把剪刀掛在鐵匠鋪門口當招牌，並依樣做了許多剪刀出售。

在此之前，當地人極少使用剪刀，裁衣多用刀子劃，剪線拿刀子割，很不方便。張小泉造出新式剪刀後，裁衣剪線變得方便許多，他的剪刀賣得愈來愈好。後來他又造了許多各式各樣的小剪刀，便不賣別的鐵器，專賣剪刀了。

張小泉與烏蛇的故事廣泛流傳於民間傳說，其中真假現已難辨，但至少說明了張小泉剪刀的來歷十分神奇。杭州地處錢塘，自古以來多傳龍蛇之事，蛇物結合，狀物寓情，用故事的形式反映剪刀的特徵，也是對剪刀業代表張小泉有勇有才的歌頌與讚美。

康熙二年（一六六三年），張小泉在杭州正式始創張小泉剪刀鋪，把原來張大隆的招牌改用自己的名字張小泉，名氣愈傳愈大，銷路愈來愈廣。張小泉去世後，三個兒子各立門戶，三家鐵匠鋪都用「張小泉剪刀」招牌。張小泉還收過不少徒弟，他們也都掛起這個招牌。兒子傳兒子，徒弟傳徒弟，杭州的「張小泉剪刀」店愈來愈多。張小泉其中一個兒子張近高擔心冒牌者愈來愈多，便在張小泉下面加了「近記」，視為正統。

據說乾隆皇帝第二次下江南到杭州時，喬裝打扮上山遊覽，遊興正濃，天公

杭州張小泉剪刀博物館的匠人造像

卻不作美，下起雨來。乾隆只好下山尋屋避雨，匆忙間走進一間掛著「祖傳張小泉剪刀」招牌的作坊裡，好奇地順手拿起一把剪刀，只見寒光閃爍，鋒利無比，便買了一把帶回宮中。乾隆帶回的是張小泉「近記」的剪刀，由於他非常喜歡，便把這把剪刀當作宮內用剪。從此以後，張小泉剪刀名聲大噪，打出「張小泉」招牌的店最多時達八十餘家，甚至出現「青山映碧湖，小泉滿街巷」的說法。

到了宣統二年（一九一〇年），張小泉後人張祖盈繼承祖業，以「海雲浴日」為新商標，送至知縣衙門，並報農商部註冊。商標上還加了「泉近」的字樣，即「張小泉近記」的簡稱。一九一五年，張小泉近記剪刀在巴拿馬的萬國博覽會中獲獎，從此遠銷南洋和歐美，門市平均每月銷售大小各種剪刀計一萬餘把。一九二六年，張小泉近記剪刀又獲得美國費城世博會銀獎。自從一九一七年張祖盈把剪刀表面的加工技藝改為拋光鍍鎳後，更受顧客歡迎。在一次剪刀評比會上，人們把四十層白布疊在一起，用各種剪刀試剪，唯獨張小泉剪刀一次剪斷，連剪數次，次次成功，鋒利程度讓其他剪刀望塵莫及。一九六六年，劇作家田漢走訪張小泉剪刀廠時寫了一首讚美詩：「快似風走潤如油，鋼鐵分明品種稠；裁剪江山成錦繡，杭州何止如並州。」

一九四九年後，杭州百廢待舉。一九五〇年後，社會日趨安寧，各作坊商號紛紛復工，為了保存張小泉這個傳統品牌並發揚光大，一九五三年在政府運作下相繼成立了五個張小泉製剪生產合作社，生產種類各有不同。一九五四年，五個

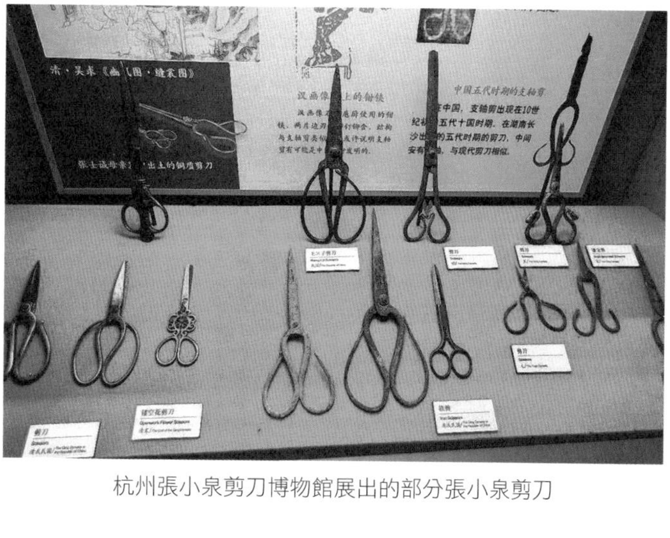

杭州張小泉剪刀博物館展出的部分張小泉剪刀

合作社一起遷至杭州海月橋集中生產，並於一九五五年正式合併為杭州張小泉製剪合作社。一九五六年，毛澤東在〈加快手工業的社會主義改造〉一文中特別指出：「提醒你們，手工業中許多好東西，不要搞掉了。王麻子、張小泉的刀剪一萬年也不要搞掉。我們民族好的東西、搞掉了的，一定都要來一個恢復，而且要搞得更好一些。」如今的杭州「張小泉」是一家專門生產各類刀剪的綜合企業，產品包括了專業刀剪、炊具五金、禮品、西餐用具和文具等，年產兩千餘萬件。

三百多年歷史，三百多年盛譽，從徽州走出去的「張小泉」一直恪守「良鋼精作」的祖訓，工善其事，名播南北，譽滿華夏，是徽商所創品牌的典型代表。

張一元茶莊

張一元在徽商老字號中算是比較「年輕」的，但也有一百多年歷史。老北京人一提起茶，嘴邊常掛的就有「張一元」，可見對張一元茶莊的認可。現在，張一元茶莊已經成為北京張一元茶葉有限責任公司，仍然深受大眾喜愛。

張一元茶莊的創始人名叫張昌翼，字文卿，徽州歙縣定潭村人。安徽自古就是茶葉之鄉，祁門茶、六安茶和黃山茶，名揚海內外。張昌翼自小家境貧苦，十幾歲就開始協助父親料理家中幾畝水田和茶田。務農雖能填飽肚子，但很難富裕起來，為了讓張昌翼有更好的未來，他父親想讓他走出閉塞的山村，去外面的世界闖一闖，為此幾乎動用了所有的關係，終於在張昌翼十七歲時把他送去北京崇文門外磁器口的榮泰茶莊當學徒。當時的磁器口是個商業鬧市，每天來此做買賣的人絡繹不絕，茶莊生意十分興盛。張昌翼抓住機會，努力學習，僅用三年多就學會了在後櫃拼配茶葉的工夫。之後，他另立門戶，在花市擺起茶葉攤，生意很好，便於一九〇〇年在花市開辦了第一家店，取名「張玉元」。玉茗是一種名貴的白山茶花，在陸羽《茶經》中則是茶葉的通稱，因此「玉」表示茶之意；「元」在中文裡則有第一的意思。應了這個名字的彩頭，茶莊生意興隆。

一九〇六年，張昌翼在前門大柵欄觀音寺開設了第二家店，取名「張一元」，店名取自「一元復始，萬象更新」，寓意開業大吉，不斷地發展創新。一九〇八年在前門大柵欄街開設了第三家店，同樣取名「張一元」，為了與第二間店區別，亦稱「張一元文記」茶莊。

張一元在當時的影響力極大，甚至有銀號利用它來炒作。京城有家一九一七年在前門外珠寶市路東開業的正通銀號，取得了推銷國民政府「黃河獎券」和「建設獎券」的資格，為了廣為宣傳，宣稱張昌翼就是用一塊錢買了一張黃河獎券，得了個頭彩，才開設了張一元茶莊，因此取名「張一元」。從時間上來看，這個說法顯然是假的，只是正通銀號的宣傳噱頭，但也可看出當時張一元茶莊的火紅程度。

連開幾家茶莊後，為了更好地發展，張昌翼在福建開辦茶

北京大柵欄張一元茶莊

廠，親自製茶。他根據京城及北方人的口味進行窨製、配茶，研發出湯清、味濃、入口芳香、令人回味無窮的茉莉花茶，受到了北京人的廣泛認可。張昌翼擁有自己的茶廠後，不僅生產的茶葉品質有保障，還省了茶葉貿易中間好幾道程序，使得茶價比其他店便宜很多，質優價廉，店裡員工對待顧客彬彬有禮，態度和氣，生意自然更好了。

一九三一年，張昌翼去世，張家沒人願意出面經營，在北京的幾家張一元只好分別委託外人經營，好在即便易主，生意卻不輸以往。可惜好景不長，一九三七年七七事變後，北京淪陷，各行各業逐漸凋敝，張一元茶莊的營業額同樣日漸下滑。

如果說對日抗戰爆發是一拳重擊，一九四七年的大火便是一場毀滅性打擊。一九四七年某天，大柵欄張一元茶莊的夥計們正忙著招呼客人，後樓突然起火，最終茶莊被燒得只剩下店前門面，讓張一元茶莊一蹶不振。為了生存，店員只好在街上擺攤。

一九五二年，觀音寺張一元茶莊與大柵欄張一元文記茶莊合併，老字號的優良經營傳統終於得以繼續發揚，在保證茶葉品質的情況下，對茶葉品種進行更新、改造、調整、升級，大受消費者歡迎。但中國大陸一九五六年到一九七七年的計畫經濟年代裡，張一元和其他茶莊一樣都是統一配貨，老字號的優勢和特色蕩然無存。等到一九七八年大陸改革開放後，為了迎接市場的挑戰，發揚老品牌，以張一元茶莊為主體，於一九九二年成立了北京市張一元茶葉公司，不斷創新經營，遵循市場規律，讓老字號的傳統和品種重新恢復和發展，品牌再次發揚光大。

至今，茶莊還留有張昌翼時代「一元復始，萬象更新」的老店遺風，致力於中國茶文化的發揚光大。

胡慶餘堂

「南有慶餘堂，北有同仁堂」，胡慶餘堂是與同仁堂齊名的中藥老店，被稱為「江南藥王」，於同治十三年（一八七四年）由紅頂商人胡雪巖創辦。胡慶餘堂位處杭州歷史文化街區清河坊，背倚吳山，是中國境內保存最完好的晚清工商型古建築群，為徽派建築風格的典範。

胡慶餘堂創始人胡雪巖是安徽績溪人，本名胡光墉，生於道光三年（一八二三年）。幼年家境貧困，幫人放牛，但他窮不失志，少年時即表現出誠信不貪的品德。小時候幫人放牛，在路上撿到了一個包袱，打開一看，盡是白花花的銀子，他便把牛拴在路邊，把包袱藏起來，坐在路邊等失主。幾個時辰後，失主慌慌張張來了，胡雪巖問清情況後，把包袱從路邊草叢取出，還給了失主，讓失主非常感動。這位失主原是杭州的大客商，後來他又來到績溪，把胡雪巖帶去杭州學做生意。

天資聰穎的胡雪巖勤奮好學，據傳十九歲就被杭州阜康錢莊的掌櫃收為學徒，由於掌櫃無後，把辦事靈活的胡雪巖當作親生兒子。後來，掌櫃在彌留之際把錢莊悉數託付給胡雪巖，讓阜康錢莊成為胡雪巖在商海中的第一桶金。

道光二十八年（一八四八年），胡雪巖結識了候補浙江鹽大使王有齡。王有齡後來奉旨署理湖州知府，胡雪巖便透過這層關係開始代理公庫，在湖州辦絲行。隨著王有齡不斷高升，胡雪巖生意也愈做愈大，除了錢莊和絲行，還開了許

胡慶餘堂

多店鋪。

一八六〇年，英法聯軍占領北京，燒毀圓明園，咸豐皇帝逃往承德避暑山莊，最終被迫簽訂《北京條約》，史稱「庚申之變」。庚申之變中，胡雪巖處變不驚，暗中與軍隊搭上關係，大量的募兵經費都存在他的錢莊內，後來又被王有齡委以「辦糧械」和「綜理漕運」等重任，幾乎掌握了浙江一半以上的戰時財經，為此後的發展奠定了良好的基礎。

除了王有齡，左宗棠也發揮了重要的作用。咸豐十一年（一八六一年），王有齡因太平軍攻入杭州，喪失城池而自縊身亡，胡雪巖急於尋找新靠山。左宗棠當時經由曾國藩的保薦，繼任浙江巡撫一職。左宗棠所部仍在安徽婺源時，「餉項已欠近五個月」，餓死及戰死者眾多，此番進兵浙江，糧餉短缺等問題依然是一大困擾，令他無比苦惱。胡雪巖緊緊抓住了這次機會，雪中送炭，在戰時的大環境下出色地完成了三天內籌糧十萬石的任務，在左宗棠面前一展才能，獲得了左宗棠的賞識並委以重任。從此以後，胡雪巖常以亦官亦商的身分來往於寧波、上海等洋人聚集的通商口岸。他在經辦糧臺轉運、接濟軍需物資之餘，不忘抓住與外國人交往的機會，聯絡外國軍官，為左宗棠訓練了一支全部使用洋槍洋炮、約千餘人的「常捷軍」。這支軍隊曾與清軍聯合，一同進攻寧波、奉化、紹興等地的太平天國軍隊。

胡雪巖在左宗棠任職期間負責管理賑撫局事務，設立了粥廠、善堂、義塾，修復了名寺古剎，收殮了數十萬具暴骸，恢復了因戰亂而一度終止的牛車，提供百姓方

胡雪巖

便，並向官紳「勸捐」，以解決戰後財政危機等事務。胡雪巖不僅名聲大振，信譽也大大提高，為他的生意開展打下了非常好的基礎。自此以後，大小官員都將所掠之物全數存在胡雪巖的錢莊中，他則以此為本從事貿易，在各市鎮設立商號，利潤頗豐，短短幾年，家產已超過千萬。

胡雪巖當時已是中國屈指可數的富豪，產業遍及錢莊、當鋪、絲綢、茶葉、軍火等，又因資助封疆大吏左宗棠有功，從二品文官頂戴紅珊瑚，皇帝還賞賜了「黃馬褂」。按清代慣例，只有乾隆年間的鹽商有戴過紅頂子的，既戴紅頂又穿黃馬褂的，歷史上僅有胡雪巖一人，所以被稱為「紅頂商人」。

在商場上風生水起的胡雪巖，為何會想創辦藥店呢？胡慶餘堂的創辦緣由流傳有多種說法，一種說法是胡雪巖因為老母親生病抓藥受阻，怒而開辦藥號；一種說法是胡雪巖因小妾生病，抓回的藥中有以次充好的一兩味藥，要求更換時遭到藥店夥計搶白，憤而開設自己的藥店。但我認為，創辦胡慶餘堂是胡雪巖的濟世懷仁之舉。在傳統觀念中，醫者具有崇高的地位，胡慶餘堂的開創與胡雪巖深受杭州悠久的中醫文化薰陶、身處亂世而興濟世救人之念有著密切的關係。他認為創辦一家藥店有兩大優點，一是生病的人和到處逃難的人都需要醫治，開藥店可以積德行善，也容易得到官府的支持；二是當時由於戰亂、疫病，各地都需要大量藥物，藥鋪生意大有前景。

胡雪巖在事業全盛期的同治十三年（一八七四年）開創了胡慶餘堂，將救死扶傷的範圍擴大到全天下所有老百姓。在胡雪巖的主持下，胡慶餘堂推出了十四類成藥，

左宗棠畫像

並免費贈送辟瘟丹、痧藥等百姓生活日常必備的太平藥，還在《申報》上大做廣告，使胡慶餘堂尚未營業就已名聲遠播，完全就是胡雪巖放長線釣大魚的經營策略。此外，他聘請江浙名醫以宋代皇家藥典《太平惠民和劑局方》為基礎，收集整理各種古方、驗方、祕方、應驗有效的丸散膏丹、膠油酒露等四百三十二種，編印成《胡慶餘堂雪記丸散全集》並分送各界。也曾經將研製的胡氏辟瘟丹、諸葛行軍散等成藥，令夥計組成鑼鼓隊，在各水陸碼頭免費贈送，並在夥計衣服上寫著「胡慶餘堂」幾個大字來宣傳。

胡慶餘堂的製藥技藝同樣頗具特色。據說杭州城有個讀書人因家貧，決心發奮讀書，金榜題名時卻喜極而瘋，重演了范進中舉的悲劇。名醫開出「癲狂龍虎丸」配方，尋遍全城藥號竟無人敢接。所謂的「癲狂龍虎丸」內含砒霜劇毒，必須攪拌得極其均勻，使砒霜在藥中的含量分布平均到極點才行，稍不均勻就會出人命，而攪拌又全憑人工。胡雪巖果斷地應下了研製藥丸之事，並承諾半月內交藥，親自指導藥工攪拌配製，十天後配製成功。瘋舉人吃了龍虎丸，瘋病痊癒，興高采烈做官去了，轟動全城。原來，胡雪巖讓藥工將藥粉均勻攤在藥匾上，用木棒在上面反覆寫九百九十九遍「龍」和「虎」二字，字寫完後，藥粉自然也攪拌均勻了。

胡慶餘堂除了精心調製藥品，濟世寧人，服務方面也十分講究。比如堂內設有給顧客休息的座椅，暑熱難耐的夏天免費提供清涼解熱的中草藥湯和各種解暑藥品等。此外，胡慶餘堂地處吳山附近，吳山是香客進香必經之地，農曆初一、十五，大批香客為了趕廟燒香而湧進杭州城，胡慶餘堂趁機降價出售。冬天因為氣管炎和哮喘病的發病機率較高，常有人半夜三更就診求藥，值夜的藥工一定會遵守胡慶餘堂為急診病人現熬鮮竹瀝的規定，劈開新鮮的淡竹，在炭爐上用小火烘烤，待竹

胡慶餘堂藥品包裝

瀝慢慢滲出，再用草紙濾過，當場讓病人喝下。熬一劑竹瀝一般要花一個時辰，病人一多，所需時間更長，藥工們卻總是急人所難，不厭其煩。

胡雪巖堅持誠信為本、顧客至上的經營策略，使胡慶餘堂成了遠近聞名的藥店，甚至能與同仁堂平分秋色。胡雪巖對於胡慶餘堂的建築和格局別出心裁，從選址就深思熟慮，讓胡慶餘堂坐落在杭州吳山的繁華地段，整個建築外觀結構就像一隻美麗的仙鶴停在吳山腳下，成為香客上吳山進香的必經之地，每逢上香日就是營業旺季。此外，胡慶餘堂為登門顧客提供了一個溫馨舒適、流連忘返的購物環境，這座由胡雪巖精心設計的建築富有江南園林特色，至今已有一百多年歷史，歷史價值深遠、建築藝術水準亦高，現已被列為重點保護古蹟。

百年老店胡慶餘堂經久不衰的法寶之一還有「戒欺」，崇尚戒欺經營，著名的「戒欺」匾額是胡雪巖於光緒四年（一八七八年）親筆所寫，告誡下屬：「凡百貿易均著不得欺字，藥業關係性命，尤為萬不可欺……」。「戒欺」可謂胡慶餘堂以「江南藥王」飲譽百餘年的立業之本。

胡雪巖於光緒十一年（一八八五年）離世後，胡慶餘堂數次易主，但店名仍冠以「胡」字，製藥也謹遵祖訓——「採辦務真，修製務精」，生產的藥品品質上乘，提倡貨真價實，「真不二價」。「真不二價」的橫匾如今依然懸掛在胡慶餘堂的大廳裡。

百餘年來，胡慶餘堂銘記祖訓，不斷壯大，近代仍銳意改革，崇尚科學，不斷創新，並於二十世紀末成立了杭州胡慶餘堂藥業有限公司。慶餘堂在秉承「戒欺」祖訓的同時，繼續彰顯著名店、名醫、名藥的經營理念，生產上千種規格的中藥飲片以滿足國內外消費者的需求，如今已然成為極具中國人文特徵和歷史價值的中華老字號。

胡慶餘堂內的「戒欺」匾額

謝裕大茶行

徽州自古以來盛產名茶，其中黃山毛峰是中國十大名茶之一。黃山毛峰屬於烘青綠茶，是清代光緒年間謝正安創辦的「謝裕大」茶行創製的。

謝正安生於道光十八年（一八三八年），十八歲就赴江北做生意。咸豐中期，太平軍路過徽州，謝正安多年積蓄財物被搶掠一空，其弟謝正富侍奉雙親逃難求生，後遭遇瘟疫，同族叔伯大半死亡。兩年後，弟弟謝正富病逝，謝正安率家人前往離家九公里的深山「充頭源」租山開墾，種糧度日。同治年間，謝正安出外跑生意，每年回到徽州漕溪掛秤收購春茶，略經加工，運往各地銷售。當時徽州的茶葉品種主要是炒青，各縣初製的炒青會集中運到屯溪進行精細加工包裝後外銷，名為「屯溪炒青綠茶」，因與祁門紅茶齊名，合稱為「祁紅屯綠」。「屯綠」運到廣州後，再透過十三行賣給外商。由於當時茶葉行情看俏，所以獲利頗豐，利潤一般在三、四成以上，徽州茶商爭而為之。謝正安趁此大獲茶利。

五口通商後，上海取代了廣州，成為茶葉的主要外貿口岸。謝正安因為親戚謝光蓀在江蘇靖江新溝司衙內任職，所以先將茶葉運到靖江，再運至上海。光緒元年（一八七五年），謝正安在漕溪開辦「謝裕大茶行」。「謝」為姓氏，「裕大」取「光前裕後」的「裕」字和「大展宏圖」的「大」字，寓意光大門閭、光宗耀祖、造福子孫、光前裕後、大展宏圖。然後又在休寧屯溪鎮和歙縣琳村開茶棧設廠加工炒青，同時把茶行的業務擴展到上海、皖北的運漕、柘皋和東北的營口。後來，謝正安兼併了休寧吳家茶莊，成為徽州六大茶莊之首，古歙北方四大財主之一。

謝裕大創始人謝正安

激烈的市場競爭中，謝正安敏銳地看到屯綠炒青是當時外銷的主要產品，銷量一直穩居全國綠茶之首，但一批地方名茶如西湖龍井、廬山雲霧、雲南普洱、信陽毛尖等正爭相入市。這些名茶的特點一是上市早，多在穀雨前後，有先聲奪人之勢；二是外形美，湯色清；三是香味清醇，各具特色，深得達官貴人和外商器重。更由於量少，利潤極大。

為了擴大徽茶的影響力，謝正安決定創製新的名茶並大量生產，爭奪市場。他首先調查研究徽州地區的傳統地方名茶，再對比篩選，最後決定整理並強化傳統歷史名茶黃山雲霧的製作工藝。他根據黃山雲霧茶的生產環境，在穀雨前後率領人馬到黃山紫雲峰附近的湯口、充川等高山茶園摘取肥壯的新鮮嫩葉，隨後將採摘的新茶經過「下鍋炒、輕滾轉、焙生胚，蓋上圓簸覆老烘」等製作步驟，精心做成別具風格的新茶。由於「白毫披身，芽尖似峰」，故稱為「毛峰」。從此以後，一種新的茶葉品種誕生了，至今仍長盛不衰。

為了做出規模，謝正安在漕溪茶廠專門生產黃山毛峰，製作工藝則為謝家祕傳。黃山毛峰的生產數量極少，運至上海新掛牌的謝裕大茶莊面世後，初露上海灘即一炮打響，備受行家茶客讚許，大家競相購買。美、俄等國茶商也日夜爭先訂貨。由於量少、名貴，一時成為上海灘達官貴人飲用和饋贈的珍品。此後，黃山毛峰源源不斷銷往山東、北京、天津、江蘇、浙江、湖北、皖北等地，聲名鵲起。

謝正安不僅在茶葉品種上做出創新，管理茶行同樣極為用心。他一生為人正直，奉行「積善存仁」的人生準則，經營茶行更是至善至仁，以誠招客。晚清洋務重臣張之洞很欣賞謝正安的誠信經營理念，親筆題下「誠招天下客，譽滿謝公樓」，這兩句話今日依然鐫刻在

黃山毛峰

謝裕大茶行的門口梁柱上，做為永久性門聯。

謝裕大茶行為了保持茶葉的新鮮，不僅採用特製的茶箱包裝，茶箱上還貼有本行的三角形「信譽單」，注明茶葉品名、數量和品質。如發現品名不符、數少質差，均可成批退回，並由茶行負責賠償相關損失。也因此，茶行每成交一批外銷茶葉，都要先經過嚴格的檢查審校，然後才能辦理成交手續，以保證茶行的銷售信譽。

當時謝裕大茶行在上海等地享有很高的聲譽，曾有茶莊意圖冒充，偷印信譽單賣茶，謝正安發現後，又增設「和」記號與客戶交易，只有啟用「和」記號的信譽單，買賣雙方才可成交。正因為謝正安講求信譽，注重品質，謝裕大茶行的茶葉在各地都很受歡迎，成為搶手貨。謝裕大在上海設有兩間旅社，前往上海的徽州人一律安排吃住，不收分文，有時還給無錢返回的同鄉路費。謝正安「積善存仁」之舉既促進了謝裕大茶行的生意昌盛，又提高了茶行的社會聲譽。

一九四九年以後，黃山毛峰仍然是中國名茶中的佼佼者，並於一九五五年被評為全國十大名茶之一。二〇〇五年，中國國際徽商大會上，謝裕大茶行創始人謝正安被評為「歷史徽商十大代表人物」之一。二〇〇六年，黃山謝裕大茶葉股份有限公司成立，旨在開拓老字號新策略的現代化企業發展之路。二〇一〇年，謝裕大茶葉股份有限公司（注冊商標：謝正安）經中華人民共和國政府認定為中華老字號。現在，謝裕大公司生產的茶葉行銷中國各大城市，並出口歐美等國。黃山毛峰經過一百多年發展，已享譽世界。

第四章

偶像與神靈
——商人的崇拜與信仰

「論資排輩」的財神

神靈崇拜中，財神崇拜在商人中最盛行，財神也是中國民間最受歡迎的神祇之一。商業以生財為本，因此從整體上來看，商人對財神的信仰可說是超越了族群，成為一種普遍的崇拜。事實上，財神的隊伍十分「龐大」，不但有正財神，還有文財神、武財神之分，另外還有偏財神、準財神和地方特有的財神，以及其他「兼職」神仙，數量十分可觀。

正財神——趙公明

財神中最受尊拜的當數「正財神」趙公明。趙公明又稱趙公元帥、趙玄壇，許多商店和住家都會供奉他的木版印刷圖像。趙公明既是正財神，民間也經常把他歸為武財神，多半因為他是個武將。普遍認為趙公明是個虛構人物，但還是有一些似乎確有其人的身世傳說。

相傳趙公明出生在陝西省西安市周至縣趙大村，出生的時辰是農曆三月十五日天將黑時的黃昏。他自幼家境貧寒，年輕時因力大技精，成了木材搬運工，因為為人誠實守信，見義勇為，深得工友信任，木材商也十分讚賞，多次獎勵他。後來，趙公明攢了些錢財，加上借錢，憑著勇氣膽識和誠信，自任木材商，由於目光遠大，胸懷寬廣，人人都信賴他，爭著和他做生意，積累了鉅額財富。當時曾有人向他借百金做生意，哪知遭遇天災虧了本，一時無力償還債務，趙公明僅要對方還了一雙筷子就抵消了所欠的債帳，可見其為富行仁、仗義疏財的品行。此外，他不但周濟貧困，出手大方，還資助官府的軍事行動，親自參軍打仗，十分勇敢，曾經一邊經商一邊到終南山拜訪道家學者，精研道學，修得正道。也有人說，趙公明馴養了一隻曾經搔擾百姓的黑色老虎，後來成為他的黑虎坐騎。總之，趙公明因為講信用、扶貧助困、學道修行、和美處事、善於隱諱，集眾多美德於一身，後人敬其為財神。

然而，傳說畢竟是傳說，並沒有可靠的史料能夠確定趙公明到底是哪個朝代的人，甚至是否確有其人都不清楚，其財神形象也是歷經變遷才逐漸形成。

縱觀中國古代文獻，財神爺趙公明的相關記載最早見於晉代，時為督鬼之神人。東晉文學家、史學家干寶的《搜神記》寫道：「上帝以三將軍趙公明、鐘士季，各督數鬼下取人。」此時的趙公明是做為冥神出現的。梁代陶弘景所著《真誥》也有「天帝告土下塚中王氣五方諸神趙公明等」的說法，仍然是一位冥神。到了隋文帝時，相傳趙公明等五位瘟神至人間降瘟，他又成了瘟神之一。

元明兩代，趙公明的形象在原有基礎上逐漸豐富起來。元代《武王伐

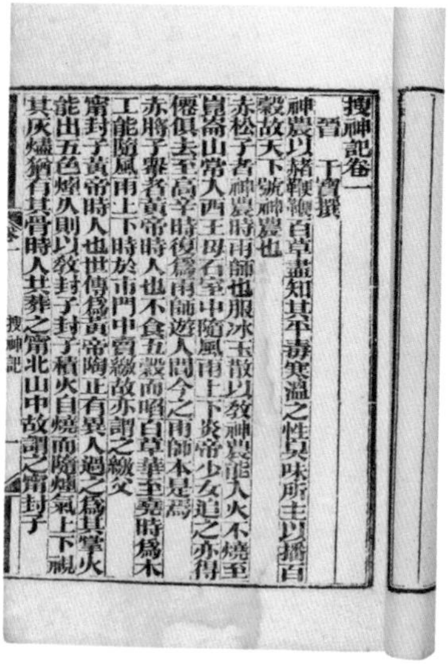
搜神記卷一
晉 干寶撰
神農以赭鞭鞭百草盡知其平毒寒溫之性臭味所主以播百穀故天下號神農也
赤松子者神農時雨師也服冰玉散以教神農能入火不燒至崑崙山常入西王母石室中隨風雨上下炎帝少女追之亦得僊俱去至高辛時復爲雨師遊人間今之雨師本是焉
赤將子轝者黃帝時人也不食五穀而啖百草華至堯時爲木工能隨風雨上下時於市門中賣繳故亦謂之繳父
甯封子黃帝時人也世傳爲黃帝陶正有異人過之爲其掌火能出五色煙久則以敎封子封子積火自燒而隨煙氣上下視其灰燼猶有其骨時人共葬之甯北山中故謂之甯封子
搜神記 一

《搜神記》古籍書影

紂平話》講述了趙公明做為商紂王的五將之一征戰抗周，被姜子牙用計毒死一事。明代《列仙全傳》則將趙公明的身分從瘟神之一變為了八部鬼帥之一，稱其「周行人間，暴殺萬民」，專門率領鬼兵到人間散播瘧疾。後來，趙公明歸順了五斗米道創始人張道陵天師，道教傳說裡，張天師在龍虎山煉丹時，趙公明為其下屬之一，專門守護丹爐。因為守護丹爐有功，後來得道成仙，此後在民間傳說中便由瘟神變成了善神。迄今為止，道教在做道場行祈禳時，「請神」這個儀式必不可缺——請出相關的神靈，幫助降妖驅魔，身為護法四元帥之一的趙公明，每次必請。宋明以後，隨著儒釋道三教合一思潮與宗教的世俗化、社會化，趙公明也突破了道教的界限，逐漸演變成中國民間社會比較普遍的信仰對象——財神。

真正讓趙公明成為財神的，是成書於明代的《封神演義》。姜子牙封趙公明為「金龍如意正一龍虎玄壇真君」，手下有「招寶天尊」、「納珍天尊」、「招財使者」、「利市仙官」四神，並專司「迎祥納福」之職。很顯然，趙公明在這裡獲得了類似財神的神職。由於《封神演義》在民間廣泛流傳，對百姓生活影響巨大，也讓他的財神身分就此確定下來。

在民間，趙公明的財神形象非常常見。由於是武將出身，其造像往往威武嚴峻，一身戎裝，頂盔貫甲，黑面濃鬚，一手執鐵鞭，一手捧元寶，騎著一頭黑色猛虎。一般來說，傳統的神像和年畫中，他身邊還會跟著招財童子和利市仙官兩個小財神，兩個小財神通常都是眉清目秀的少年形象，各自手持條幅，上面寫著自己的名號。

姜子牙畫像

舊時的銀錢業除了奉趙公明、關公為財神，還尊奉趙公明為祖師爺。民間有許多關於財神的故事都反映了上述信仰習俗。比如財神爺只允許有錢人家供奉，窮人家供奉是不會顯靈的。為什麼呢？從下面「財神爺休妻」的故事就能略知一二。

據說從前的財神廟裡，財神的兩旁並不是招財童子和利市仙官，而是一位端莊美麗的財神娘娘。有年大旱，田裡的莊稼大部分都乾死了，有些地方甚至顆粒無收，眼看日子過不下去，有些人拖家帶口地逃荒到外地討生活。眾多受災百姓中有個生來腿腳不靈便的殘疾乞丐，家中只有他和老母親相依為命，眼看著別人都逃難去了，他和老母親只能在附近靠挖野菜和乞討度日。有一天，他在附近村子轉了一天沒有討到一口吃的，野菜也早就被挖完了，餓著肚子走了一整天，最後在一座廟前坐下休息，想到臥病在床的老母親整天沒吃飯，心裡十分難過。忽然，他靈機一動，想到廟裡或許會有些供品，雖然偷拿供品對神靈大不敬，但為了老母親已顧不了那麼多。想到這裡，他連忙爬起來進入廟裡，找遍了所有香案卻沒見到一丁點兒食物。乞丐沮喪地坐在神像前嘆氣：「哪怕有一點兒錢也行，能給老母親換個燒餅我就心滿意足了。」

猛然間，他發現自己正對著財神爺的塑像，一身富貴的財神爺和滿臉慈祥的財神娘娘正微笑地看著他。他連忙拜倒在地，口裡不停祈禱，請求財神爺賜幾個銅錢好給老母親換燒餅。財神爺趙公明見是個叫花子，心想連一點香燭錢都捨不得，還來求什麼財？天下那麼多窮叫花子，我怎麼接濟得過來？於是不予理睬，閉目養神。乞丐心中想的正好相反，他認為財神應該要救濟窮人，富人不愁吃穿，應該也不必求財，因此不住祈禱著。這時，一旁的財神娘娘動了惻隱之心，想推醒打瞌睡的財神爺，勸他發善心施捨一下乞丐。只見財神爺不理不睬，打了兩個哈欠後又閉上了眼睛。雖然貴為財神娘娘，但財權在夫君手上，夫君不點頭，娘娘也無法把錢賜給乞丐。無奈之下，她取下耳環，扔給了乞丐。

乞丐突然看到神龕上擲下一物，一見是一副金耳環，知道是財神所賜，急忙磕頭，連呼「叩謝財神爺」。財神爺聽到聲音，睜眼一看，發現妻子竟然將自己當年給她的定情物送給了乞丐，氣得大發雷霆，將財神娘娘趕下神龕，把她給休了。自此以後，財神爺打光棍，成了「鑽石王老五」，民間也有了這句歇後語：財神爺休妻——不為窮人著想。

文財神

文財神在中國民間所指甚多，比如范蠡、比干、財帛星君李詭祖和福祿壽三星中的祿星等。文財神大多見於民間的雕塑和木版年畫，形象大多臉色白淨、錦衣玉帶、冠冕朝靴、面帶笑容，非常適合在新春喜慶之日掛於堂室。民間祭祀的文財神通常有三位，分別是財帛星君李詭祖、范蠡和比干。

財帛星君李詭祖是民間最受歡迎的文財神，又稱增福相公、增福財神。李詭祖原是淄川五松山（今山東淄博一帶）人，北魏孝文帝時曾擔任曲梁（今河北曲周）縣令，清廉愛民，去世後人們立祠祭祀。一九二〇年版《三續淄川縣誌》相關記載如下：「北魏李詭祖，孝文帝時，任曲梁令。當南北紛爭，民苦兵戈，獨能撫楫流亡，敦行教化，與民休息，卒於官。民懷其德，立廟屍祝之，至今享祀不衰，明晉祀名宦祠。」《曲周縣誌》也記載，李詭祖在擔任曲梁縣令期間，清正廉潔，為民造福，疏通河道，治理鹽鹼，率先垂範，生活儉樸，把自己的俸祿都拿出來周濟貧苦之人，是位深受愛戴的清官，因此老百姓立祠紀念他。可看出李詭祖死後，其形象經歷了由人至神的變化過程。

然而，李詭祖一開始並不具備財神形象。明代萬曆年間，兵部尚書曲周人王一鶚在〈重修增福李公祠碑記〉中寫道：「祠崇祭祀舊邑侯李公也。案郡乘，公家世淄川，魏文帝朝仕曲梁。時殛妖塞橫水，心切民隱，貽福孔多，既逝之後，民作廟祭祀之。蓋能禦大災，捍大患。」可見李詭祖起初不是財神，而是「禦大災，捍大患」的神靈，還善於降水妖（實際上指的應該是興修水利）。這樣一位為民造福、生活儉樸的清官，後來怎麼會成為財神呢？與底下這則民間傳說有關。

唐武德年間，唐高祖李淵的夫人、李世民之母竇皇后得了一種怪病，彷彿被鬼纏身，晝夜不得安寧。李淵找遍國內聖手神醫，也找了民間偏方，竇皇后都不見好轉。李世民十分憂心母親的病，放榜尋求神醫，此時一位來自齊地的雲遊道人說：「儘管我大唐王朝的建立是順天應時，但期間殺戮過多，遊魂冤鬼找不到歸宿，所以遷怒於皇后。今有齊地淄川神仙姓李名詭祖，又是聖上的本家，曾在北魏孝文帝朝治相府事，後在五松山得道成仙。詭祖諧音『鬼祖』，主裁陰陽兩間冤獄，最能驅神役鬼，祛病消災。可在皇后處設立李神仙牌位，求其顯靈，保證能醫好皇后之疾。」李世民聽了以後頗感詫異，但仍依

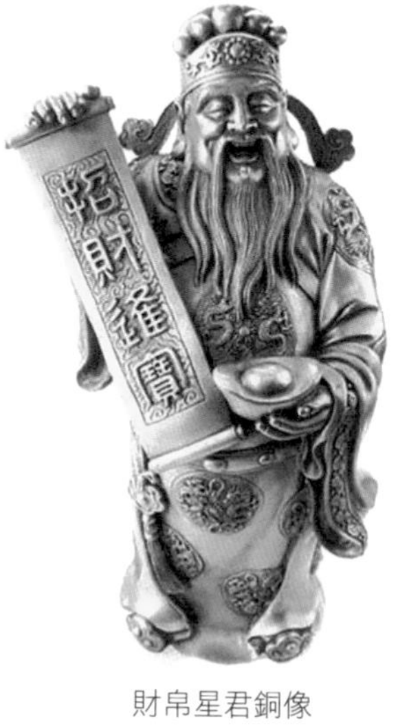

財帛星君銅像

唐太宗李世民畫像

計而行，竇皇后不久後也痊癒了。唐高祖李淵感激無比，賜封李詭祖為「財帛星君」。後來唐明宗又賜封他為「神君增福相公」。

李詭祖顯靈治病的傳說是否有歷史依據不得而知，李淵是否真正賜封過李詭祖也沒有正史記載，文學作品中卻佐證歷歷。北宋宰相富弼在青州做知府時，曾作詩〈過淄川仙人鄉〉一首，其中有一句「唐封財神今猶在，世外桃源非夢鄉」。詩句中的「唐封財神」指的可能就是李淵賜封李詭祖一事。被賜封為「財帛星君」之前，李詭祖除了能夠「禦大災，捍大患」，還能「驅神役鬼，祛病消災」，賜封後則具備了財神爺的神性。

到了宋元時期，對財帛星君李詭祖的崇拜已經非常普遍。元朝是中國歷史上第一個由少數民族建立的王朝，崇尚道教的成吉思汗特邀全真道長丘處機北上，並尊其為神仙。據說丘處機當時曾獻上一帙《增福財神寶卷》，成吉思汗如獲至寶。元世祖忽必烈登上皇位後，也效仿唐高祖李淵冊封李詭祖為「福善平施公」，使李詭祖的影響擴展到了更多的地方。現今的內蒙古自治區也有增福相公廟。明清以後，財帛星君李詭祖成了民間最受歡迎的財神爺，當時的木版年畫上都是他的畫像，光緒年間發行的紙幣上也有他的畫像。

在文財神中，李詭祖在民間最受歡迎。中國北方有正月初一拜財神，正月初五接財神的習俗。每年除夕，每家每戶都會請財神，將財神的畫像張貼在正廳大門的西端南牆上，祈求財運、福運。正月初五，各商鋪開市，一大早就金鑼

一九〇四年中國通商銀行發行的紙幣上畫有財神

爆竹，牲醴畢陳，迎接財神。清人顧鐵卿《清嘉錄》中引了一首蔡雲的〈竹枝詞〉，描繪了蘇州人初五迎財神的情形：「五日財源五日求，一年心願一時酬；提防別處迎神早，隔夜匆匆抱路頭。」「抱路頭」就是指迎財神。

民間財帛星君的形象是臉白髮長，面似富家翁，李詭祖身著錦衣，腰紮玉帶，左手捧著一只金元寶，右手拿著寫有招財進寶的卷軸，或是雙手捧著金元寶，相貌厚重，乃富貴無限之相。

另外一位文財神是商紂王的叔父比干。在明代作家許仲琳的《封神演義》中，比干因火燒狐狸洞而遭到妲己記恨，被商紂王處以剜心之刑。姜子牙封神時，他被封為文曲星。

在民間，文財神比干的形象多為白面長鬚，容貌富態，頭戴宰相紗帽，身著紅袍玉帶，手捧如意，足蹬元寶。文財神比干的打扮與天官相似。有的文財神手持「天官賜福」的詔書，很類似天官，但天官與文財神還是有所區別，天官面容慈祥，笑容滿面，文財神比干則面目嚴肅，臉龐清瞿，較為平靜。

比干以紂王叔父的身分輔佐紂王，從政四十多年，主張鼓勵發展農牧生產，提倡冶煉鑄造，富國強兵，並且忠君愛國，為民請命，敢於直言勸諫，見紂王荒淫失政，暴虐無道，十分著急，時常勸諫。紂王不但不聽，還愈來愈討厭這位叔父。《史記．殷本紀》記載，有一次，比干在朝廷中連站三天不動，非要紂王納諫不可。紂王早已厭惡叔父的勸諫，加上妲己挑撥，更是恨上加恨，見比干強

比干像

諫，禁不住大怒：「吾聞聖人之心有七竅，信有諸乎？」說完就叫人當場剖開比干的胸膛，挖出了比干的心。紂王還向全國下詔：「比干妖言惑眾，賜死摘其心。」比干就此慘死於暴君之手。

相傳比干升天後，玉帝憐憫其為國盡忠，無辜被害，且心已被挖出，不會再生貪心，封他為掌管天下財庫之神，享受人間香火。傳說在比干蔭佑下的買賣人無偏無向，公平交易，互不坑騙，讓他廣為世人傳頌和敬奉，被稱為國神。周武王滅商之後，為了鞏固新政權，大力推行德政，安撫殷商遺民，下令釋放被紂王囚禁的百姓，修整商朝賢臣比干之墳，並親自為墳墓添土。

民間俗語有「財神無心」一說，意指就算出現了財富分配上的偏差，也是財神比干的無心之失。老百姓敬其忠義，才對比干頂禮膜拜。與「不為窮人著想」的正財神趙公明不同，民間還有一種說法，敬比干的不一定能富，不敬他的也不一定就窮。換言之，人們敬財神比干，以求財運亨通，主要是衝著他的人品。

比干的地位後來甚至超過了趙公明和關公，被稱為文財神正尊。建於明代的山西平遙財神廟供奉了三尊財神爺，文財神比干居中，趙公明和關公居分居左右。北京白雲觀始建於唐代，供奉的財神排列序位和平遙財神廟如出一轍。

還有一位文財神是范蠡，前文已讓我們稍微了解了范蠡的經歷與經商智慧。范蠡最初不過是楚國一介平民，卻有建邦立業的宏才偉略，足智多謀，在越王句踐最落魄的時候成為他身邊的大臣，深謀二十餘年，輔佐越王勵精圖治，雪會稽之恥，最後終成霸業。范蠡功成名就後，捨棄高官厚祿，不辭而別，因為他知道越王可以共患難卻無法共享樂，只有退隱才能自保。離開越國後，范蠡到齊國海邊更名換姓，開荒種地，同時經商。由於善於經營，幾年後便聚財數千萬，發了大財，成為當地最大的富豪。

范蠡後來帶著一家人前往山東定陶縣從事商業貿易，自稱陶朱公。在他的帶動下，數年間就讓定陶商賈雲集，貨走天下，成為當時中原地區重要的商品集散地。一如第二章所述，范蠡的經營祕訣是善用「積著之理」、「務完物，無息幣」，也就是保證商品和資金流通，重視產品的品質，並且「逐什一之利」，只求十%利潤，最大限度地給予合作夥伴利潤空間，每年歲末還會拿出大筆資金返還給生意夥伴，也因此生意愈做愈大，愈做愈順暢。普天下的商人都願意與他合作，這也許正是他能迅速成為天下首富的重要原因之一。

與其他財神不同，陶朱公范蠡並沒有誇大的神話或修飾過的傳說，經歷都有文獻可尋。隨著年代的日益久遠和生平故事的傳奇性，范蠡成為淡泊名利的傑出政治家和大富商，受到後人崇拜，再加上他善於經營且樂於施財，因此成為人們心中難得的活財神。

在諸多財神中，范蠡大概也是最有財神氣質、最接地氣的。民間文財神范蠡的形象大多是錦衣玉帶，冠冕朝靴，臉色白淨，面帶笑容，而他在有生之年裡，無論是聚財的本領還是散財的功德，確實都無愧於財神之譽。在所有財神中，在世時真正與財富有關的，唯文財神范蠡一人是也。

陶朱公雕塑

武財神

武財神除了正財神趙公明，還有關公關老爺。在中國，關公是一個家喻戶曉、婦孺皆知的人物。關公重信義，為人忠義，形象威武，又能招財進寶，護財辟邪。民間相傳，關公管過兵馬站，長於算術，發明日清簿，講信用，為商家所崇祀，不僅是真實的歷史人物，並在經過幾千年的歷史演變後，成為老百姓心中的神明。

對關公的崇拜在中國十分盛行，關帝廟遍布各地，從古至今的山陝商人在各地修建山陝會館時，正殿供奉的神像都是威風八面，丹鳳眼、臥蠶眉的關公。關羽幾乎成了一個無所不管的大神，「司財」只是其神職之一。然而，關羽生前乃一介威風凜凜大將，溫酒斬華雄、斬顏良、誅文醜、過五關斬六將、水淹七軍，可謂名震天下，最後才敗走麥城。一生都在沙場馳騁的他和財富似乎並無關係，堂堂武將，為何被奉為財神呢？

事實上，在很長一段歷史時期內，人們對關公的崇拜並不涉及財富。關公被奉為財神，當在明代以後。關羽生前是將軍，死後蜀漢朝廷追謚為壯繆侯。隋唐時期，關羽並沒有受到統治者的明顯重視，從唐到宋徽宗以前，相關傳說僅僅屬於地位並不高的民間俗神這一類。

這種現象到宋徽宗時，產生了較大的變化。宋徽宗崇寧元年（一一〇二年）

北京歷代王廟中的關帝廟

封關羽為「忠惠公」，宣和五年（一一二三年）又封關羽為「義勇武安王」。到了元代，稱號更長了，變成「顯靈義勇武安英濟王」。到了明代，關羽被封為「關壯繆公」，與民族英雄岳飛同祀，當時全國各地的武神廟宇都叫關岳廟。到了明代萬曆年間，加封關公為「三界伏魔大帝」、「神威遠震天尊」、「關聖帝君」等。

有學者研究表示，關公成為財神應該不早於清中期，而且肇始於晉商。前文提過，晉商對於「信」字懷有誠惶誠恐的虔誠，是一種雷打不動的信仰，而關公恰恰是忠義誠信的代表人物，又是山西人，因此順理成章被晉商奉為偶像。商人都是逐利的，為了在商戰中獲勝，他們無不絞盡腦汁，想以最少的投入獲得最大的利益，有的人甚至不擇手段，要別人信守承諾，自己卻偷奸耍滑。如果大家都這麼做的話，豈不全亂了？因此，有良心的商人呼籲誠信、公平經營，卻仍免不了受到奸商的侵害，也讓商賈們深深敬佩關公的忠誠信義，希望關公成為自己發財致富的守護神。

當然，忠義誠信、公正公平與晉商的造勢是一個原因，關公能成為財神還有諸多原因。比如，關公十分善於理財，長於會計業務，曾設筆記法，發明日清簿；清初一些民間幫會如哥老會、青洪幫等，無一不敬重關公，把關公當成最高財神。而隨著關公的「司財」職能不斷強化，各地的關帝廟也逐漸成為財神廟。

晉商的造勢使關公迅速成為財神，為商業活動保駕護航，民間那些膾炙人

明代商喜所繪《關羽擒將》

口、流傳廣泛的英雄事蹟，則恰好體現了商業保護神、財神必須具備的武勇和剛強。而像「過五關斬六將」的事蹟，更在勇猛之外，展現了對兄長劉備的忠肝義膽，同樣是商業所需要的「忠」、「義」和「誠信」。

到關帝廟上香、求財，目的是希望得到庇佑，求得財運，滿足精神需求。當人們走進關帝廟上香求籤時，面對著表現這類英雄事蹟的塑像和壁畫，往往在不知不覺中受到潛移默化的教育和鼓舞。去的人愈多，受影響的人愈多，傳播關公文化的人也愈多，廟宇的香火更旺盛。

除了去關帝廟祭拜財神，每逢新年，家家戶戶也會把財神像懸掛起來，希冀財神保佑，以求大吉大利。民間很多人（尤其是商人），往往選擇武財神關公來祭拜，這是為什麼呢？因為關公不像正財神趙公明那樣嫌貧愛富，不會看人說話，凡事有求必應。還因為關羽不為金銀財寶所動，與世間貪利忘義之徒形成鮮明的對比。

隨著人們崇拜財神、迷信財神的程度不斷加深，財神的功能也不斷擴大。明清時期，關公被尊為「武王」、「武聖人」，除了財神的「司財」功能，還被世人描述成了具有司命祿、佑科舉、治病除災、驅邪避惡等「全能」法力的「萬能之神」，甚至與孔子並肩被稱為聖人，盛譽之隆，已達頂峰，無以復加。

其他財神

除了文武財神，民間還信奉偏財神。所謂的「偏」，其實是就財神的神像所在位置而言。民間的偏財神與「五路神」或「五路財神」有關，「五路神」又指路頭神。清人姚富君說：「五路神，俗稱財神，其實即五祀門行中之神，出門五路皆得財也。」其中的五路是指東、西、南、北、中五方，意為出門有五路神保佑可以得好運、發大財。還有另一種說法，「五路」即五顯：顯聰、顯明、顯正、顯直、顯德。《封神演義》則有「五路財神」的說法，指的是正財神趙公明、招寶天尊蕭升、納珍天尊曹寶、招財使者陳九公和利市仙官姚少司。

五路財神都是吉祥神，也是民間吉慶年畫中常見的人物，深受百姓愛戴和崇拜。每年正月初五是五路財神的生日，人們為了「接財神」，往往天剛亮就會聽到一陣陣鞭炮聲，大家爭早放第一聲鞭炮，也就是所謂的「搶路頭」。為了搶先接到財神，商家多半會在初四晚上舉行迎神儀式，準備好果品、糕點及豬頭等祭祀用品，請財神喝酒。屆時，主人手持香燭，分別到東、南、西、北、中五方財神堂接財神，五位財神接齊後，掛起財神紙馬，點燃香燭，眾人頂禮膜拜，拜罷，將財神紙馬焚化。接過財神，大家聚在一起喝路頭酒，直喝到天亮開門營業，據說這樣能保一年生意興隆，財源滾滾。

《封神演義》的五路財神中，除了正財神趙公明，其餘都是偏財神，其中又以利市仙官最受商人喜愛。《封神演義》記載了利市仙官的來歷：利市仙官本名姚少司，是正財神趙公明的徒弟，後來被姜子牙封為迎祥納福之神。所謂「利市」，包含三重含義：一是指做買賣時得到的利潤；二是指吉利和運氣；三是指喜慶或節日的喜錢，如壓歲錢等。人們信奉利市仙官，希望得到祂的保佑，生活幸福美滿。到了近代，一到新年，有的人（尤其是商人），還會把利市仙官的圖像貼在門上，並配以招財童子，再貼上「招財童子至，利市仙官來」的對聯，隱喻財源廣進，吉祥如意。

除了偏財神，還有準財神。準財神就是沒有得到封號的財神，因為能帶來一定的財運，承擔了一部分財神的職責，人們依然視其為財神。劉海蟾就是最具代表性的準財神。

據傳，劉海蟾是五代時期人，原籍燕山（今北京西南），十六歲時順利通過明經考試，曾為遼代進士，後為丞相，輔佐燕主劉宗光。他素習「黃老之學」，傳說是八仙的徒弟。《歷代神仙通鑑》記載了他的故事：一日，劉海蟾正在官邸悶悶不樂，憂愁萬分，傳有位名叫「正陽子」（呂洞賓）的道人前來拜訪。劉海蟾以禮相見，並請道人正陽子為其講解清靜無為之法。講法完畢，道人正陽子索要了十個雞蛋，十枚銅錢，然後一枚錢幣上放一個雞蛋，雞蛋上放錢幣，錢幣上放雞蛋，疊成了寶塔狀。劉海蟾看著顫巍巍欲塌的雞蛋驚叫：「危哉！」正陽子不動聲色地說：「居榮祿，履憂患，其危殆甚！」意思是說，這叫危險嗎？那些擁有高官厚祿的人才是如履薄冰，危險得很呢！此語一出，劉海蟾彷彿一下子參透了人世萬事，久久沒有說話。之後，劉海蟾佯裝大醉，將珊瑚飾物、玉翠器皿砸得粉碎，棄官納印，改名劉玄英，道號「海蟾子」，拜呂洞賓為師，修煉成仙。他經常在終南山、太華山一帶雲遊，元世祖忽必烈封其為「海蟾明悟弘道真君」，武宗皇帝加封「海蟾明悟弘道純佑帝君」。

在道教中，劉海是道教全真道北五祖之一，宋代李石《續博物志》記載：「海蟾子姓劉，名昭遠，華山陳摶館之道院，與種放往來。」他本與財神無緣，成為財神也許是源於他與金蟾的傳說。

蟾，即蟾蜍，因相貌醜陋，分泌物有劇毒，對人體有害，被列為五毒（蠍、蛇、蜈蚣、壁虎、蟾蜍）之一。不過，蟾蜍的分泌物蟾酥有強心、鎮痛、止血等作用，蟾蜍也因此受到人們的崇拜。《太平御覽》引《玄中記》云：「蟾蜍頭生角，得而食之，壽千歲，又能食山精之化也。」把蟾蜍當成了避五病、鎮凶邪、助長生、主富貴的吉祥物，是一種有靈氣的神物。

劉海蟾以「蟾」為道號而聞名，又以「劉海戲金蟾」的傳說被抬上了財神的寶座。劉海所戲金蟾並非一般蟾蜍，而是三足大金蟾，舉世罕見。金蟾被古人視為靈物，古人認為得之可以致富，也是劉海被塑造成財神的主要根據。傳說中，神仙劉海有次化身為一位有錢人家的僕人，他跳入井裡捉到了一隻三條腿的大蟾蜍，用彩色繩子繫住後放到肩膀上，再爬出井讓人觀看，最後緩緩地飛到天上。劉海用計收服了修行多年的金蟾，得道成仙。劉海戲金蟾，金蟾吐金錢。劉海走到哪裡，就把錢撒到哪裡，救濟了不少窮人。人們尊敬他，感激他，稱他為「活神仙」，並為此修建劉海廟，把他的故事編成戲劇，到處傳唱。民間把故事裡的劉海當作「準財神」，並演變成在商鋪裡擺放一隻金色蟾蜍的習俗。現今商店裡擺放的招財金蟾遠多於其他財神。

「劉海戲金蟾」大量出現在民間年畫和剪紙中，歷代畫家也有不少這一題材的佳作傳世。這些作品中，劉海皆是手舞足蹈、喜笑顏開的頑童形象，其頭髮蓬鬆，額前垂髮，手舞錢串，一隻三足大金蟾叼著錢串的另一端作跳躍狀，充滿了喜慶、吉祥的財氣。

「劉海戲金蟾」年畫

傳說中的商業保護神

商人信仰商業保護神，是一種在長期商業活動中形成的習俗，表達了他們祈求神仙庇佑生意興隆、財運亨通、大吉大利的願望。

說到商業保護神，上述諸財神在民間信仰中均有保護神的功能，最傳統、最普遍的大概就是武財神關羽。前文提到，關羽被人們視為「萬能之神」，被神化後的關羽集完美之大成，降妖護國、平寇破賊、防瘟避災、助人發財，集戰神、考試神、幫會保護神等多重神職於一身，是一個除了不能送子之外，其他什麼都管的全能神祇。山西商人就把關公當作出門在外的保護神，遍布全中國的山西會館裡多建有關帝廟，希望關公能保佑他們的平安。

除了財神這種普遍意義上的商業保護神，中國沿海一帶及華人眾多的東南亞地區還有一種重要的民間保護神信仰——媽祖。

媽祖信仰

媽祖是中國最具典型意義的海神，是歷代海洋貿易者、商人、漁民、船工、海員和旅客共同信奉的神祇，澤被一方。在中國沿海一帶與東南亞各國，凡有航海和漕運之處，莫不有媽祖廟，甚至連遠在太平洋中心的夏威夷檀香山也有。漁民和海商在起航前大多會先祭拜媽祖，祈求保佑順風和安全。由於海上航行常常遇到狂風巨浪的襲擊，危險指數較高，航海人普遍產生了祈求神靈保護的迫切心理。做為人們心中的「海上女神」，媽祖是眾人安定幸福的心理保障，慈眉善目、氣定神閒的形象代代流傳。

媽祖的生平和傳說

媽祖也稱「天妃」或「天后」，又稱「天母」和「天上聖母」，福建和臺灣稱為「媽祖」或「媽祖婆」，廣東俗稱為「婆祖」。據《閩書》記載，媽祖確有其人，姓林名默，福建省莆田市湄洲島人，生於北宋建隆元年（九六〇年）。早在唐朝時，林默遠祖曾任州刺史，林家祖上歷任高官，因五代時兵荒馬亂又兵連禍結，其曾祖父棄官歸隱來到湄洲島，自此落籍福建東部沿海的莆田。其祖父承襲世勳，做過福建總督，政績卓著，政聲遠揚。其父林願為人敦厚崇禮，樂善好施，人們均尊稱為「林善人」。林默從小天資聰穎，八歲入私塾，過目成誦，智商極高，悟性極深。十歲時已知焚香禮佛，朝夕誦經。十三歲時出落得亭亭玉立，雍容大方又嫻雅，不但學識淵博，識見精深，同時極盡孝道。林默一方面精研醫學，為百姓治病；一方面占卜天氣，事先告訴漁夫客商能否出海，自己本身的水性極好，常常救助在海中遇險的漁民。

相傳，林默十六歲那年，她父親和兄長出海捕撈，在家中幫忙母親織布的她忽然感覺異常困乏，在織機上睡著了。夢中，她看到波濤滾滾的海浪打翻了父親和哥哥的船，父兄全部落水，立即跳入海中拉起父親。此時，在家的母親看到睡得不安穩的林默，喚醒了她。林默一驚醒，手中的梭子掉在地上，悲痛地看著母親說：「阿爸得救了，阿兄去世了。」母親起初不信，後來看到隻身一人返航的丈夫，這才嚎啕大哭。

林默「游魂救父」的事蹟傳開後，鄉親們驚異於她的法力，林默也名聲大震。此後她經常乘船渡海，雲遊於島嶼之間，行蹤無定。憑著一身好水性，加上一顆滿懷善意的同情心，多次營救與驚濤駭浪相搏而遇難的船民，人人稱頌，美其名曰「龍女」、「神女」。

關於林默的死，眾說紛紜，莫衷一是。大致上都是說她冒著風險去海上救人時，溺水而亡。善良的林默生前常常助人，死後又屢屢顯靈救助遇難的漁民和來往客商，人們為了紀念她，尊稱其為媽祖。漁家紛紛興建媽祖廟，祈禱媽祖保佑親人的平安。

民間關於林默顯靈的傳說眾多，比較著名的是南宋路允迪的故事。宋徽宗宣和五年（一一二三年），給事中路允迪奉旨，率大船八艘經由渤海出使高麗。航行途中，頃刻間濁浪滔天，狂風肆虐，一下子刮沉了七艘大船。路允迪驚悸不安，十萬火急地跪下閉目祈禱：「神女下凡，保我平安！」很快便出現了一位紅衣神女立於船舷之上。依仗著神女的保佑，路允迪有驚無險，平安抵達高麗，不辱使命。驚奇不已的路允迪回來後向同僚述及此事，莆田籍官員李振聽後告訴他，神女為湄洲神女林默。路允迪向皇帝奏報了媽祖的神通，宋徽宗親賜林默神祠匾額一幀，上書「順濟」

湄洲島媽祖像

兩字。此傳說的可考史料最早出現於紹興二十年（一一五〇年），記載於南宋進士廖鵬飛所撰的《聖墩祖廟重建順濟廟記》。

明代同樣有媽祖護佑來往航行者安全的故事，明代漕運亦有媽祖顯靈的傳說。漕運是中國歷史上一項重要的經濟制度，簡單說就是利用河道或海道專門運輸糧食（主要是公糧），把徵自田賦的部分糧食運往京師。話說某年春天，漕運官船滿載米糧出發後，起初水碧天晴，糧官們憑欄酣酒，非常暢快。可天氣說變就變，突然間陰沉下來，緊接著狂風暴雨席捲而來，讓船隊迷失了方向。由於漕運船隊十分龐大，幾乎每次都有上百艘船隻，隨行人員過萬，若是出了意外，損失將十分慘重。危急關頭，全體官兵想起了經常救助海難的媽祖，莫不狂呼：「媽祖救我！」就在此時，祥雲瑞氣滿布天空，一位紅衣女子在祥雲中顯現，緊接著便風平浪息了。漕船得到了護佑，眾官兵都說是媽祖顯靈，朝天跪拜。漕運官抵達京師後，將此事啟奏明太祖朱元璋，皇帝封媽祖為「昭孝純正孚濟感應聖妃」。此時，媽祖的神格再次得到提升，成了聖妃。

相傳鄭和下西洋也曾得到媽祖的庇佑。鄭和七次下西洋出使，每次都遇到險情，其中有三次是船隊在海上遇到颶風，而且每次都因為媽祖的庇護而脫險。鄭和在明永樂三年（一四〇五年）第一次下西洋，目的地是暹羅等國，正當船隊雲帆高懸、浩浩蕩蕩至廣州附近時，突然大風驟起，洪濤如山，波峰浪谷，巨舶如葉，上下顛簸。眼看著船隻即將傾覆，船工請鄭和向媽祖祈禱，鄭和禱告：「和奉命出使外邦，忽遭風濤危險，身固不足惜，恐無以報天子，軍士生命，息於呼吸，望神妃救之。」禱畢，忽聞鼓吹之聲，一陣香風，神女颯颯飄來，立於雲端，旋即風平浪靜，轉危為安。還有一次，鄭和船隊在經過三佛齊（蘇門答臘島上的古代王國）時，遇到海寇陳祖義打劫與騷擾，最終也在媽祖的神助下剿滅了海寇。鄭和回國後，立即上奏，朝廷封媽祖為「護國庇民妙靈昭應弘仁普濟天妃」，下旨修建南京天妃宮，遣太常寺少卿朱焯祭告，又命福建守官重修泉州天妃宮，並規定以後所有出國使者，必先到天妃宮祭祀祈佑，方可啟程。

到了清康熙年間，媽祖升到了至尊至聖的位置，成了天后，供奉她的廟宇也由神女廟、天妃宮改為天后宮。一個民間崇拜的小神，由此成為國家祭奠的國神。傳說施琅第一次率兵渡海攻打臺灣時，因缺風，船駛得很慢，施琅下令回航莆田平海灣，不久卻忽起大風，戰艦上的小艇被風刮下海，不知去向。第二天風停息後，施琅命人出海尋找小艇，小艇竟安然停靠在湄洲灣。艇上的人回報，昨夜波浪中見船頭有燈光，似人攬艇，是天妃默佑之功。施琅大為感動，命令整修平海天后宮，重塑媽祖神像，捐重金建梳妝樓、朝天閣，並請回一尊媽祖神像奉祀在船上。

媽祖信仰的傳播

媽祖的誕生地福建是全中國媽祖信仰最盛行的地方，僅在媽祖的家鄉莆田就有不下百座媽祖廟。以前在福建沿海各府縣，每縣都有幾十座媽祖廟，如今福建各地的媽祖廟數量仍十分龐大、香火鼎盛。

福建泉州與媽祖的家鄉莆田毗鄰，在莆田和仙遊兩縣未置縣治之前，

明代鄭和戰船模型

行政區域在歷史上多歸屬泉州，因此泉州也是媽祖信仰的重要發祥地。兩宋時期，泉州地處東南沿海，陸海交通便捷，經濟發展迅速，以海港城市之姿迅速興起，海外交通貿易擴及一百多個國家和地區。泉州的天后宮正是在南宋政府的重視下，於慶元二年（一一九六年）興建，供奉媽祖。泉州天后宮及周圍是海內外商客的集散處，航海者和客商在此開展各種海事活動，非常活躍。媽祖崇拜成為客商經商和航海者航運的精神支柱，前往天后宮膜拜媽祖已經成了他們的常例。在泉州，由於深受媽祖信仰的普遍影響，船主開航前必先前往天后宮，請回媽祖木雕像或媽祖令旗、香火包、神牌、壓勝錢等上船奉祀。小船設神龕，大船甚至會築一間專用小堂，朝夕行香，祈求媽祖保佑一帆風順，平安賜福。

泉州天后宮年代悠久，又具有重要歷史地位，自建宮以來已先後進行了十四次較大規模的修繕，如今規制完整。走進天后宮，山門、戲臺、天后殿、寢殿、梳妝樓等依次排列，兩側則有東西闕、東西廊、東西廂、東西涼亭等附屬建築。

明清時期，大量閩南人移居臺灣，把媽祖信仰也帶到了臺灣，如今是臺灣最普遍的民間信仰之一，無論是大小村莊、山海聚落，還是通都大邑，都看得到媽祖廟。《臺灣府志》載，清代有據可查的媽祖廟有三百一十座，目前已發展到兩千餘座。臺灣有八成以上的漢族居民信仰媽祖，也

泉州天后宮

影響了臺灣的少數民族崇拜媽祖。

廣東省媽祖信仰最盛的地區則是粵東的潮汕一帶，當地媽祖廟很多，許多船民、商人都會祭祀媽祖。每年農曆三月二十三媽祖神誕，當地人往往隆重祀拜。香港各地也有天后廟。

澳門同樣有相當多人信奉媽祖。最顯著的例子是，澳門的英文名稱「Macau」，就是由「媽閣廟」一詞轉化而來，足見媽祖信仰對當地的重要性。澳門《媽祖閣五百周年紀念碑記》提到：「澳門初為漁港，泉漳人蒞止，懋遷聚居成落。明成化間創建媽祖閣，與九龍北佛堂門天妃廟、東莞赤灣大廟鼎足輝映，日月居諸，香火滋盛，舶艫密湊，貨殖繁增，澳門遂成中西交通樞要。」澳門從小小漁村成為貿易大港，媽祖信仰的作用不可小覷，同時也可看出福建移民在澳門的工商業活動與媽祖信仰之間的互動。

從古代到近代，澳門的福建移民既是當地工商業發展的強大動力，又是媽祖的虔誠信徒，工商業的繁榮和媽祖閣香火的興旺互相輝映，互為因果，至今依舊。如今澳門的商人不僅與漁民一同舉行祭拜媽祖的活動，還捐資興建或修繕各處的媽祖廟。在澳門社會的商業氛圍中，媽祖被賦予了更多商業神明的成分，神力括及保護商民、維護信用、保障流通等。

在海外，媽祖信仰同樣十分盛行。新加坡的媽祖信徒占總人口數的七十%；馬來西亞的華人人口占該國人口的比例極高，而媽祖信徒占了其中八十%以上。此外，泰國、印尼、菲律賓也有很多華人以媽祖為主要信仰。由此可見，包括中國在內的亞洲諸國華人世界裡，媽祖信徒形成了龐大的族群。

其他保護神

民間還有眾多地方性的商業保護神，如江西的晏公和蕭公、浙南林泗爺、福州張真君、山西崔府君、閩南王爺公等，這些商業保護神與財神、媽祖等「大神」不同，「勢力範圍」大多限於某一地區，並沒有擴及全中國或海外。這些神祇大多是當地人，由於生前的事蹟在其仙逝後經過神化演繹，因此成為當地人崇拜的俗神。祂們雖沒有「大神」的影響力，但恰恰因為不像「大神」那樣遙不可及，顯得更接地氣，在當地相當受愛戴，在商業民間信仰中有著重要的地位。

晏公和蕭公

中國的航運保護神，首推天后媽祖，其次則是晏公和蕭公。

晏公（又稱晏公爺爺）姓晏，名戍仔，據傳原是宋末江西臨江府清江鎮人。元代時，官居文錦局堂長，後因病辭官，死於歸途舟上，屍解成仙。傳說此後每每顯靈於江河湖海之上。據清代學者趙翼《陔余叢考》記載，相傳元末朱元璋與張士誠戰於毗陵，朱元璋化裝成商人乘船赴軍中，途中遇大風，船隻將覆。這時晏公出現，拖挽船隻至沙岸，使朱元璋脫險。朱元璋在南京建都後，又聽說晏公幫助沿江百姓以烤豬為餌，擒獲了毀壞江堤的豬婆龍（應該是揚子鱷），便詔封晏公為「神霄玉府晏公都督大元帥」，命天下建廟祀之。從此以後，晏公成了具有全國性影響力的水神，職司平定風浪，保障江海行船。以舟船漕運為主要交通運輸工具的當年，凡往來繁忙的水陸交通中樞重地、漁民商戶密集之地，都出現了晏公廟的蹤跡。南來北往的客商、漁民、船工路過晏公廟，都會上岸進香祭拜一番。民間將媽祖拜為海神，晏公則為河神。

另一位航運保護神是蕭公。蕭公諱伯軒，約生活在宋代咸淳年間江西一帶，生得龍眉蛟髮，鬚髯俊偉，面如少年。據《三教源流搜神大全》載，他為人剛正自持，不苟言笑，常為鄰里斷決糾紛。與鄰人喝酒時，他常常突然俯在桌上小睡片刻，醒來後說：「剛才某地有人翻了船，我趕去救助，救了幾個人。」據傳他能分為四個化身，同時應人招邀，前往救難。蕭公八十一歲去世，後成神「保舡救民，有禱必應，福澤十方」。

據稱，明太祖朱元璋討伐陳友諒於鄱陽湖時，蕭公顯靈，化出數萬紅衣甲兵助戰，後被詔封為「水府靈通廣濟顯應英佑侯」，此後「大著威靈於九江八河五湖四海之上」。從上述敘述可知，蕭公應是江西一帶民間信奉的地方性水神，一開始的職司主要是保護江河航行者的安全，明代以後才衍生附會出其他許多傳說。這些傳說並未牽涉到太多海洋的部分，但因為受到帝王的封賜，才從一個普通的地方性水神，一躍成為整個航運業的保護神，庇護範圍也從江河擴展到了海上。

蕭公和晏公這兩位航運保護神經常合祀於一廟中，統稱為蕭晏二公廟，在江西、福建等地較為多見。

浙南林泗爺

林泗爺，諱名林昉，民間又稱「林四爺」、「林泗大帝」，是浙南閩東地區著名的商業和漁業保護神。林泗爺的民間信仰以浙江溫州蒼南縣最盛。據不完全統計，浙南閩東一帶供奉林泗爺的廟宇有五百多座，大多數是明清時保留下來的。供奉林泗爺的廟如此之多，說明了其民間文化底蘊深厚，影響廣闊，也反映了浙南閩東民眾長期從事商業經營和漁業生產，尋求保護的心態。

據蒼南縣舥艚新橋翻印明永樂二年（一四〇四年）的《林氏宗譜．林氏源流敘》記載，林泗爺生於南宋淳祐年間，先祖為林純公——「至宋而有純公者，徙濟南，登元符進士，官兩浙，歸閩，因寇阻於桐山，遂家邑之，橫塘濟南郡自此始焉。」也就是林純公準備回福建莆田時，途經浙江平陽，得知桐山有人舉旗造反受阻，無法及時回家，只好暫時在平陽橫塘住了下來，後來覺得這個地方很不錯，索性定居，成了橫塘一帶林氏始祖，傳至十一世為林汝忠，即林泗之父。後來，林汝忠到了平陽江南二十一都，見這個地方的地理位置很好，住了下來，將此地取名浦源，還蓋了一座新橋。從此以後，此地一直叫「新橋」。

《林氏宗譜》記載，林泗天資聰敏，為人仁善。民間傳說他能知天文地理，善觀氣象，使沿海漁民免遭颱風襲擊，避免損失。他還懂醫術，濟世愛民，最有代表性的故事是《平陽縣民間故事卷》記載的林泗爺救公主。

據說有一年，公主生了痧氣，貼出榜文求醫問藥，林泗當時在平陽水頭鎮開藥鋪，專治痧氣，便撕下榜文應召，一帖藥就把公主治好了。皇帝一高興，立刻召林泗上朝要封他做官。林泗說自己一不做官，二不要錢，但家鄉鬧饑荒，大家都沒飯吃，官府還抽捐派稅，想求皇上免稅三年。皇帝也依了他，減免平陽一縣三年賦稅。

林泗的家鄉舥艚新橋一帶則流傳著更多民間傳說，而且大多十分神奇，極富神話色彩。「京城賣鹽」說的是他用十分神奇的辦法，調運了平陽十八個鹽倉的鹽到京城售賣，還賺了個好價錢；「金鄉抗倭寇」說的是他仙逝後顯靈，保護家鄉不受倭寇侵犯。

「林泗爺吃豬頭」則直接影響了民間祭祀習俗。據舥艚新橋林泗後裔的紀錄，某日，林泗爺得知有三個漁民挑著三牲祭禮要去舥艚三聖廟還願，便在大路邊自家園地裡邊幹活邊等。不一會兒，三個漁民挑著一擔牲禮來了。林泗爺等他們走近，上前問道：「你們三人挑什麼東西？到哪兒去？」其中一人答道：「我們挑三牲祭品，到舥艚三聖廟還願，再祈求神靈保佑我們今年捕魚大豐收。」林泗爺說：「欸，不要求了，那間廟的神靈已經不在那兒了，求也無用。如果你們把三牲祭品給我吃，我保證你們出海魚蝦滿艙。」三個漁民不相信，挑起擔子就要走。林泗爺見狀，抓起籮筐裡的豬頭便咬，並說我只吃一隻豬耳朵就夠了，其餘的你們挑回去大家分著吃。三個漁民既生氣又無奈，想這豬耳朵都被吃了，總不能拿少了一隻耳朵的豬頭祭神，只好挑著三牲祭品回家。

半夜時分，三個漁民和其他漁民一樣出海去捕魚。奇怪的是，別人沒捕到魚，只有他們滿載而歸。回家後，他們總算想起昨天那個吃豬頭的人所說的話，打開挑回的籮筐一看，大吃一驚，原本被咬去一隻耳朵的豬頭，現在又變得完好無損了，這才知道林泗爺不是凡人。從此以後，送豬頭給林泗爺的人愈來愈多，他也成了活神仙。林泗爺仙逝之後，不少人到他靈前許願，其中有些生意人發了大財後，用全豬來祭祀他，並逐漸成為當地獨特的風俗。

民間故事反映了林泗爺是沿海一帶商業和漁業的保護神。蒼南縣新安一地建有年代久遠的林泗爺廟，林泗爺成了各族公祭的神明，在該地民間地位極高，當地還會舉行「排殿豬」等祭祀活動。祭祀用的豬，當地人不叫「豬」，叫作「大公」，是「大公豬」的簡稱，以區別於一般的豬。「大公」選購好後，要在農曆六月初七這一天宰殺，殺豬前後還有很多儀式。宰殺後的「大公」要先裝扮一番，才能抬到廟中敬神。豬脖子前面會簇上大紅花，豬嘴巴塞進一個厚皮大柚子，意為「大吉大利」。有的人乾脆把蠟燭直接插入豬鼻孔中。

平陽的水頭鎮每年農曆十月初六都會舉辦廟會，隆重紀念林泗爺升仙，祭拜內容以誦經為主，祭祀儀式則遵從道教的科書。信眾燒紙跪拜，祈求風調雨順，國泰民安。之後還會演出三至五天的古裝戲，既娛神，也娛人。另外，舥艚新橋人會在清明節前祭掃林泗墓，供品通常是豬頭、螃蟹、鯧魚、雞、糕點、水果、竹筍、豆芽、五香乾等。主祭品豬頭每年省不了；螃蟹用梭子蟹，一隻腳都不能少，寓意十全十美；竹筍象徵著後裔如雨後春筍；用豆芽的道理則和竹筍差不多，象徵子孫興旺發達。這些祭祀活動所需經費從來不需群眾分攤，本地商家常常爭著出錢，他們深信林泗爺護佑商人特別靈驗。

種種祭祀活動體現了許多傳統文化，也讓林泗爺的信仰文化活動延續至今，久傳不衰。林泗爺廟宇香火旺盛，法事齋醮不斷，可見其在當地做為商業保護神的影響力之深遠。

福州張真君

張真君原名張慈觀，福建省永泰縣人，生於唐天祐年間，出身農家，長大後曾當傭工。五代時期，王審知開疆拓閩伊始，茅草初墾，瘴氣癘疫流行，加上鄉村暴徒到處擾亂，村民深受其苦。張慈觀年輕氣盛，體魄魁偉，精通武術，且為人急公好義，愛打抱不平，後遇道教仙人，收為門徒，學藝數載後，法成下山，常為民除害。傳說他行法術能祈雨輒應，鎮邪除魅，常修橋鋪路，造福百姓，做了不少有益桑梓的好事。四十五歲時，張慈觀在閩清金沙溪的大石上「坐化升天」。到了宋代，為紀念他，人們在閩清金沙建了「張聖真君之堂」。福州臺江也有張真君祖殿，建於南宋，建成後地方官員上報朝廷，皇帝嘉其恩義，賜張慈觀為「大化真人」，人們稱其為「張真君」。明正德皇帝敕封張慈觀為「法主神號」，所以他又被稱為「法主公」，意為法術高強的神靈。

張真君祖殿建成初始，建築面積不及八百平方公尺，歷經幾度重修，擴展到一千平方公尺，至今保持了明代的建築風格。祖殿坐北朝南，面臨熱鬧的商業區臺江古河道渡口，交通十分便捷。沿河百數十公尺長的石護欄設施今日猶存。

自鴉片戰爭五口通商以來，處於福州經濟中心「金三角」地帶的上下杭地區商業十分繁榮，是省內商品的集散地，商行眾多，規模宏大，資本雄厚。在此經商的福州及其他各地的商賈不斷雲集，以上下杭地區為福地和發財聚寶盆，並按經營商品的不同組成了經濟實力雄厚的商幫，如茶、油、筍、木、紙、米等。他們都把張真君奉為「祖師爺」，稱之為「商神」，頂禮膜拜，十分虔誠，還把商會、金融公會和商事研究所等辦事機構設在殿內。由於張真君祖殿在福建各地還建有分殿，以祖殿為中心，再輻射到上下杭各地區，分別成立了各商業同業公會的分支機構。由此可見，張真君祖殿實質上是各商幫、各行業在商務活動中議行論市、互通情報的資訊網路中心。

福州臺江上下杭地區的張真君祖殿

張真君信仰在福建的福州、永泰、仙遊、德化、永春、安溪等地頗為盛行，安溪的茶葉商人信奉尤誠，安溪許多茶商將張真君與清水祖師並列，視為重要的保護神。明清時期，張真君信仰隨福建移民傳到臺灣，傳播的管道有兩條，一是隨閭山派道士入臺。閭山派是福建道教的分支教派之一，與臺灣道教的興衰有著緊密聯繫。如今，臺灣道教中的「法主公教」仍有較大的影響。二是隨民間信仰入臺，約在清朝中葉至清末，從福建的不同地區傳入臺灣。張真君的神誕是農曆七月二十三，每逢這一天，臺灣各地都會舉行隆重的慶典。

第五章

耳濡與目染——商業廣告文化

從姜太公鼓刀揚聲說起

口頭廣告

作家蕭乾在散文〈吆喝〉中生動描繪了老北京的「市聲」：「賣柿子的吆喝有簡繁兩種。簡的只一聲『喝了蜜的大柿子』。其實滿夠了。可那時小販都想賣弄一下嗓門兒，所以有的賣柿子的不但詞兒編得熱鬧，還賣弄一通唱腔。最起碼也得像歌劇裡那種半說半唱的道白。一到冬天，『葫蘆兒——剛蘸得』就出場了……」

蕭乾以平易又不乏生動幽默的文字，展現了老北京街市的動人一景。吆喝就是市聲，而市聲就是口頭廣告。世界上最早的廣告是利用聲音來進行的，這是最原始、最簡單的廣告形式。早在奴隸社會初期的古希臘，人們就公開宣傳並吆喝著有節奏的廣告，透過叫賣的形式販賣奴隸、牲畜。古羅馬大街上同樣充滿了商販的叫賣聲。

在中國，市聲起源於何時，恐怕已經很難考察，但仍能從古文獻中窺探一二。屈原在《楚辭·天問》中記載：「師望在肆，昌何識？鼓刀揚聲，後何喜？」《楚辭·離騷》亦記載：「呂望之鼓刀兮，遭周文而得舉。」這裡的師望和呂望都是指姜子牙，意思是商朝末年的姜子牙在鋪子裡賣肉時，故意把刀剁得噹噹響，並高聲吆喝，招攬顧客。「鼓刀揚聲」實際上就是一種「市聲」。

春秋戰國時期的《韓非子．難一》中有一則著名的寓言，即成語「自相矛盾」的故事：「楚人有鬻盾與矛者，譽之曰：『吾盾之堅，莫能陷也』。又譽其矛曰：『吾矛之利，於物無不陷也』。或曰：『以子之矛，陷子之盾，何如？』其人弗能應也。」比喻說話與做事前後抵觸，無法自圓其說，卻少有人注意到，這則寓言反映了一種商業活動中最普遍的廣告形式——口頭廣告。

口頭廣告可以說是最簡便的商品推銷方法。小商販們自由自在地走街串巷做生意，也讓城市各處跑叫買賣之聲不絕於耳。唐代西京長安設有東西兩市，行業眾多，市場交易熱鬧繁忙，招徠顧客的口頭廣告此起彼伏。詩人元稹在〈估客樂〉具體描述：「經遊天下遍，卻到長安城。城中東西市，聞客次第迎。迎客兼說客，多財為勢傾。」雖然抨擊了商人的勢利行為，但詩中的「次第迎」和「迎客兼說客」卻生動描述了當時商販們爭相利用口頭廣告來宣傳的熱鬧場景。

宋代孟元老所著的《東京夢華錄》記錄了北宋都城汴梁（今開封）的繁華景象：「是月季春，萬花爛漫，牡丹芍藥，棣棠木香，種種上市，賣花者以馬頭竹籃鋪排，歌叫之聲，清奇可聽。」南宋遷都臨安後，叫賣傳統也被保留和繼承了下來。宋代吳自牧的《夢粱錄》對此有較詳細的紀錄：「中瓦子前賣十色糖。更有瑜石車子賣糖糜乳糕澆，俱曾經宣喚，皆效京師叫聲。……又有沿街頭盤叫賣薑豉、膘皮膘子、炙椒、酸耙犬把兒、羊脂韭餅、糟羊蹄、糟蟹，又有擔架子賣香辣灌肺、香辣素粉羹、攛肉細粉科頭、薑蝦、海蜇鮓、清汁田螺羹、羊血湯……各有叫聲。」

這段節選文字讓我們見到了南宋時期臨安城內民間交易的興盛，以及食品小吃的豐富程度，也可看出臨安城裡小商販們的叫賣情況。

口頭廣告的表現形式在宋代豐富多樣，在元、明、清同樣充分發展。元人王元鼎所作的元曲

《清明上河圖》中描繪的各式小販

宋代李嵩《貨郎圖》

〈醉太平．寒食〉云「覺來紅日上窗紗，聽街頭賣杏花」，賣花者的叫賣聲「清奇可聽」，以此招攬顧客。明代馮夢龍的《警世通言》描寫了一段精彩的口頭廣告詞：「卻說廟門外街上，有一小夥兒叫云：『本京瓜子，一分一桶；高郵鴨蛋，半分一個。』」不僅簡潔上口又押韻，還有幽默感。可見口頭廣告經過長期發展，無論是形式或內容都逐漸成熟。

清代的口頭廣告尤其有特色，不僅押韻、上口，還帶有濃厚的民俗風情。清末一位出身將門的八旗子弟蔡繩格著有《燕市貨聲》一書，收錄了當時京城街頭的叫賣聲，如賣棗的當街吆喝：「掛拉棗兒，酥又脆，大把抓的呱呱丟兒！」賣油炸小食品的則吆喝：「小炸食，我的高；一個大，買一包；哄孩子，他不鬧，他不淘。」賣糖咂麵的叫喊更特別，口頭廣告詞是：「姑娘吃了我的糖咂麵，又會紮花，又會紡線；小禿吃了我的糖咂麵，明天長短髮，後天梳小辮。」

史書記載了很多這類口頭廣告，當時的小商販不僅根據行業特色來宣傳，還會先揣摩大眾的消費心理再編撰廣告詞。而前文所述蕭乾筆下的老北京「市聲」，既展現了口頭廣告在近現代社會中的風貌，也可見此一廣告形式流傳至今。

聲音廣告

口頭廣告雖然真實、親切、娓娓動聽，但沿街吆喝既費力又傳不遠。為了進一步吸引顧客注意，商販有時會加入各種聲響來增加廣告效果，如擔貨郎打小銅鑼，賣油郎敲油梆子，收買廢品的搖銅鈴等。這類借助各種工具輔助吆喝的廣告，就是聲音廣告。

中國古代的聲音廣告形式同樣很豐富，種類繁多。聲音工具的使用有吹、搖、劃、打等，具有明顯的行業特色。中國古代的商人最早是用什麼器物發出聲響來輔助口頭廣告，現已難考證，但文獻留給了我們一些線索，如前文所述的姜子牙「鼓刀揚聲」，其中「鼓刀」就是利用刀把肉剁得砰砰響以吸引顧客，可視為聲音廣告的一種。

較早的古文獻已有聲音廣告的記載。《詩經．周頌》有「既備乃奏，簫管備舉」；東漢鄭玄箋寫「簫，編小竹管，如今賣餳者所吹也。」，唐代孔穎達注解「其時賣餳之人，吹簫以自表也。」餳即飴糖，可見東漢時販賣飴糖的小販已經利用吹簫做為宣傳，吸引顧客。唐代以後仍有賣飴糖吹簫的記載，如宋代宋祁的詩作〈寒食〉：「草色引開盤馬地，簫聲催暖賣餳天。」清代范耒宗有詩詞〈鑼鼓〉：「取次春風催劈柳，賣餳時近又吹簫。」可見這種廣告形式從唐宋到清代都很盛行。

以吹奏為主的工具除了蕭，還有喇叭、笛子、嗩吶、哨等，或以擊打為特色的工具，如鼓、鑼、梆子等。《燕市貨聲》寫道：「瞽目算命，或彈弦，或吹笛，或擊鼓，帶唱曲。」說明了算命者使用的聲音廣告手法較多，不只有吹奏類，還有擊打類。以鑼來說，在古代社會各行各業中的使用較為廣泛，比如雜耍，影子戲，賣糖果、糕點、小百貨，賣油等，「打糖鑼挑子，敲小銅鑼，專賣各種玩藝。」、「豌豆膏！敲小鑼，挎小白籠，捏玩藝，亦用模。」或者是鉦，一般外有木框懸掛或固定鉦體，聲音粗獷、洪亮，「前箱上夾銅鐵絲片，中匣藏各種家具，旁掛弓、鑽等物，後帶風箱、爐，上架懸小銅鉦、銅墜，行則自擊。」

宋代《夢粱錄》同樣有聲音廣告的記載：「有帶三朵花點茶婆婆，敲響盞，掇頭兒拍板，大街玩遊人看了，無不哂笑。」、「今之茶肆，列花架，安頓奇松異檜等物於其上，裝飾店面，敲打響盞歌賣。」可知在宋代，茶攤往往敲響盞唱賣，響盞成了招徠顧客的聲響之一。舊時還有敲盆為聲的，如元代熊夢祥《析津志》載：「一應賣烏盆，叫賣諸物，敲打有聲。」

由此可見，古代用來進行廣告宣傳的聲音工具甚多，各行各業基本上都有自己獨特的宣傳方式。古代的文人雅士對此亦多有論及，清人所著《韻鶴軒雜著》寫道：「百工雜技，荷擔上街，每持器作聲，各為記號。……修腳者所搖折疊凳，曰『對君坐』；剃頭擔所持響鐵，曰『喚頭』；醫家所搖銅鐵圈，曰『虎撐』；星家所敲小銅鑼，曰『報君知』；磨鏡者所持鐵片，曰『驚閨』；錫匠所持鐵器，曰『鬧街』；賣油者所鳴小鑼，曰『廚房曉』；賣食者所敲小木梆，曰『擊饞』；賣閨房雜貨者所搖，曰『喚嬌娘』；賣雜耍貨者所持，曰『引孩兒』。」如此種種，不勝枚舉。這些聲音廣告不僅形象生動，也用簡潔的語言具體描繪了商販和消費者之間的互動情景。

往昔，北京各胡同裡一年四季常年迴盪著各種吆喝和聲響，或高亢，或低沉，或悠揚，或頓挫，有腔有調，講究押韻，極富音樂感和節奏感，一聽便知賣什麼。隨著商品交易場所的固定化，這種自古流傳的推銷方式傳承到了今日，變成在店門口安裝答錄機和喇叭，大放廣告語或歌曲，說明了傳統的商業廣告手法現今依然持續發展著。而現代廣告中那些琅琅上口的廣告詞和耳熟能詳的廣告歌曲，與古代的口頭廣告追求完美舒暢的節奏不無關係。

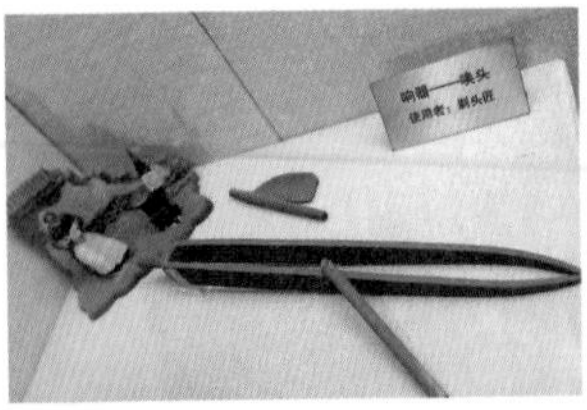
喚頭，宣南文化博物館藏聲音工具

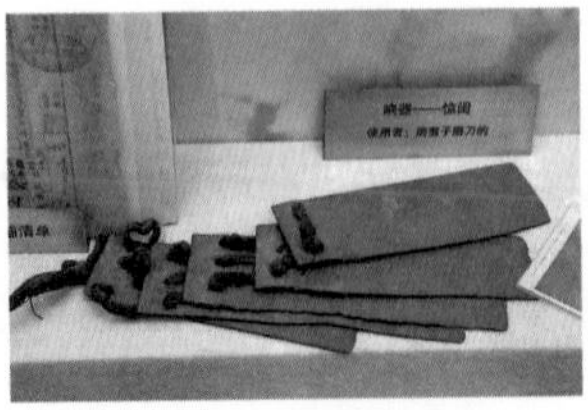
驚閨，宣南文化博物館藏聲音工具

皮鼓，宣南文化博物館藏聲音工具

幌子上的學問

幌子是一種由來已久的傳統商業廣告，多以與店鋪經營有關的象徵物製作，約定俗成。早在兩千五百年前的春秋戰國時期就有幌子這種廣告形式了。《韓非子》記載：「宋人有酤酒者，升概甚平，遇客甚謹，為酒甚美，縣幟甚高，著然不售，酒酸。」講的就是酒幌子，「縣幟甚高」表明了當時店家已經知道用高懸酒旗的方式招徠生意。幌子的造型獨特、形式各異，且多出自民間，為老百姓喜聞樂見。

幌子溯源和分類

幌子在中國古代的廣告發展史上占有重要的地位，它伴隨著人類的資訊交流活動而生，在商業中的表現形式也逐漸多樣化。具體來說，傳遞商品資訊的幌子之所以出現，與行商坐賈的分化有著直接關係。

春秋戰國時期，商人開始分化為行商和坐賈。行商走村串寨做生意，所用的多為口頭廣告或聲音廣告，即前文所述的「市聲」。坐賈則固定在一定的場所或租用固定的店鋪，為了招徠顧客，便開始把陳列於市的實物懸掛在貨攤或店鋪上，藉以吸引買主。前文提到的酒旗等，屬於文字幌子，其實就是從實物幌子演變而來。春秋時期政治家晏嬰的《晏子春秋》說：「君使服之於內，而禁之於外，猶懸牛首於門，而賣馬肉於內也。」這則故事說的是齊靈公喜歡內宮女子穿戴男子服飾，因此全國女人都效仿之。齊靈公禁而不止。晏嬰說，這就如同在門口掛著牛頭卻賣馬肉，您為什麼不禁止宮內女人穿男人服飾，這樣外面就沒人敢這麼做了。這個典故後來演變成諺語「掛羊頭賣狗肉」，也可見早在春秋時期就有在店門口懸掛實物招徠顧客的實物幌子。

有些學者認為，實物幌子只能算是幌子的雛形，按字面意思理解，幌子的「幌」，指的應該是帳幔、簾帷等，是商人高懸在攤位或店鋪上方的長方形布幔。這種理解可以說是狹義理解，廣義來講，實物幌子也是幌子的一種，進一步發展以後，就出現了較為成型的幌子，如表、幟、簾帷、幔形式的幌子大多有文字、圖案，是高度抽象化的實物幌子。「懸幟甚高」則說明到了韓非子所在的戰國時期，已經有了抽象的幌子。

學界對幌子的分類分歧甚大。烏丙安在《中國民俗學》一書中把幌子分成七種不同的類型，分別是實物幌、模型幌、商品附屬物幌、暗示幌、燈具幌、旗簾幌和文字匾牌。有的學者則將其分成九類。總體而言，綜合幌子的材質和內容，可分成以下幾大類：實物幌、模型幌、象徵幌、特定標誌幌、文字幌等。

實物幌，就是賣什麼商品，就懸掛什麼商品。有的會稍加修飾，有的則保持商品的原貌，可以說是最直白的廣告。比如麻鋪懸掛一束長麻絲，絨線鋪懸掛絨線，斗笠和草帽店懸掛笠帽，樂器店掛樂器，棉花店懸掛網纏的大棉團，煙袋店懸掛舊式煙管，皮貨店懸掛皮襖……有的老北京皮鋪會在店鋪前掛一件羊皮筒子，以示店內經營皮貨。

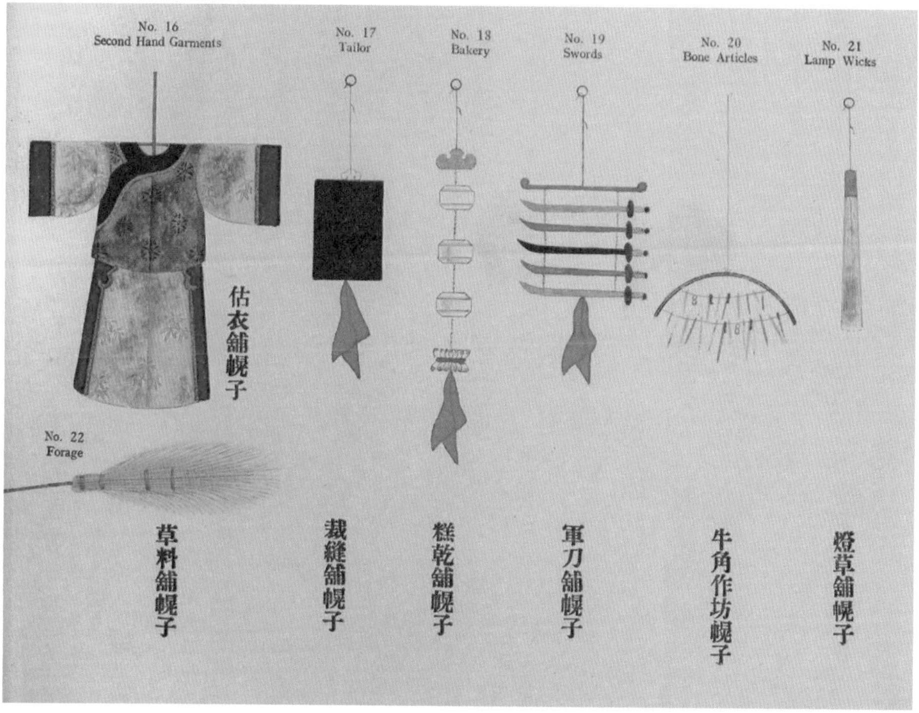

《燕都商榜圖》（一九三一年出版）的幌子，從左到右分別是估衣鋪幌子、草料鋪幌子、裁縫鋪幌子、糕點鋪幌子、軍刀鋪幌子、牛角作坊幌子、燈草鋪幌子

模型幌是在實物幌的基礎上發展和演化而來，屬於較為成型的廣告，主要是把商品實物加以放大、縮小、誇張、變形。這類幌子有的比較誇張，有的比較美觀精緻。比如說，糕點鋪將點心做成模型幌子掛著展示，蠟燭店將大燭做成模型幌子並展示在店門外等。

象徵幌是模型幌高度抽象化的結果，是一種具有特殊傳承意味的幌子，得靠著人們世代傳襲介紹，才會明瞭商店的經營內容。如舊時的酒鋪懸掛用紅漆木板做成的平面葫蘆形幌子，象徵古代裝酒的葫蘆，或是茶館門口放了個懸在空中的大茶壺，水從壺嘴中源源不斷流出來，從外表看不到任何支撐，被稱為「天壺」。

圖畫幌子也屬於象徵幌，是利用圖像直觀地表示商家經營的商品和種類，有的畫在布簾上、布牌上，也有的直接畫在店鋪左右的門牆上。刀剪鋪會畫刀剪；老北京的一些酒作坊會畫春申君、孟嘗君、平原君和信陵君「四君子」，以示自己是造酒的作坊；舊時還有一種馬畫鋪，幌子上會繪製一武士持弓牽馬圖，右書「粉刷牆皮」、「塑畫神像」、「油漆門窗」，左書「油漆彩畫」、「包糊頂棚」、「油畫看板」之類說明營業內容的文字。

特定標誌幌是以特定的標誌來代表經營類別或業種，幌上一般都是約定俗成、經營者和顧客都能理解和意會的特定標誌。比如，壽衣店門前放逾尺高的黑靴子；舊時理髮店門前掛白布簾，如今的理髮店則立著三色螺旋旋轉

刀鋪店的實物幌子

麻繩、麻線店的幌子

燈箱；烤鴨店前放卡通鴨子形象等。

文字幌就是指在布簾、帷幔或實物、抽象的模型上書寫特定文字的幌子。這種類型的幌子數量眾多，比如典當鋪的「當」字、旅館的「店」字、酒店的「酒」字，有的字數較多，如《水滸傳》景陽岡山腳下的酒店，酒旗上就寫了「三碗不過岡」五個字。

幌子的基本功能有三樣，一是廣告宣傳，利用不同形制的幌子宣傳自身，招徠顧客入內購物；二是促購，使街上的過往行人可以根據幌子的昭示選擇店鋪；三是極強的裝飾性，好的幌子往往是一件藝術品，上面繪製、雕刻有吉祥圖案和祥禽瑞獸，其擺放和懸掛講究對稱性、誇張性，既妝點門面，也烘托氛圍。

幌子做為中國商業文化中的重要組成部分，覆蓋面大，流傳範圍廣，是舊時商業活動中不可或缺的，也是一種最古樸、最原始的商業廣告，在貿易中發揮著重要作用。幌子文化在民初後逐步走向衰落，原因之一是工業發展衝擊了傳統的作坊式經營，其次是在西方文化影響下，許多店鋪採用了霓虹燈、廣告燈箱等現代化的廣告形式。

放在茶館門口的「天壺」

酒旗

《韓非子》記載，戰國時宋人賣酒，會高高懸掛一面旗子，從此之後，只要有酒肆必有旗。到了唐代，這種酒旗被叫作簾，或叫望子，意思是遠遠望見便知道此處賣酒。酒旗是幌子中的典型。隨著釀酒業的發展和酒類的多樣化，酒肆愈來愈多，競爭日趨激烈。店家為了招徠更多酒客，開始製作五花八門的酒旗來吸引人們的目光。酒旗也漸漸走進了文人筆下，古代眾多文人雅士的詩詞中有大量關於酒旗的記載。

唐代飲酒之風日盛，酒鋪多懸掛正中央寫著斗大「酒」字的長方形布幔，幌子也被引申為酒旗的別稱，稱為酒幌。因數量眾多，漸成風氣，才有了杜牧筆下「水村山郭酒旗風」的現象。唐朝文學家皮日休〈酒中十詠．酒旗〉中有「青幟闊數尺，懸於往來道。多為風所揚，時見酒名號。」從側面說明了唐代酒旗數量之多。唐代還有許多文人的詩詞反映了酒旗的景象。如張籍的〈江南曲〉：「長江午日酤春酒，高高酒旗懸江口。」李中的〈江邊吟〉：「閃閃酒簾招醉客，深深綠樹隱啼鶯。」劉禹錫也有「城外春風吹酒旗」的精彩描述。白居易的〈楊柳枝詞〉中寫道：「紅板江橋青酒旗，館娃宮暖日斜時。」可見到了唐代，酒旗逐漸發展成十分普遍，而且形式多樣，異彩紛呈。

宋朝，由官府辦市的傳統逐漸取消，市場經濟更加活躍，也讓幌子這種廣告形式受到更廣泛的使用。《清明上河圖》畫的酒家不下十餘處，歐陽修則有詩「西風酒旗市，細雨菊花天」，描繪西風獵獵，集市上的酒旗迎風招展。北宋文學家夏竦〈登臺州城樓〉描繪的田園風景中，同樣有酒旗

《清明上河圖》中描繪的「孫羊正店」酒旗

飄揚的場景：「樓壓荒城見遠村，倚闌衣袂拂苔紋。猿啼晚樹枝枝雨，僧下秋山級級雲。招客酒旗臨岸掛，灌田溪水鑿渠分。洞中應有神仙窟，繚亂紅霞出紫氛。」

元朝馬致遠在〈呂洞賓三醉岳陽樓〉中寫道，酒家唸道：「今日早晨間，我將這鏇鍋兒燒得熱了，將酒望子挑起來，招過客，招過客。」酒望子就是酒旗。到了明代，詩人袁凱描繪了充滿鄉村氣息的情景：「千株雲錦照江沙，沙上青旗賣酒家。莫怪狂夫狂得徹，吳姬玉手好琵琶。」清代徐珂所著《清稗類鈔》載：「簾，酒家旗也，以布為之，懸示甚高……又有高懸紙標，形正圓而長，四周剪彩紙，黏之如綴旒者。」高挑的酒旗和酒家的環境形成了一道獨特的人文景觀，成為歷代文人墨客詩酒文化的一面旗幟。

酒旗上通常會署名店家字號，或懸於店鋪之上，或掛在屋頂前頭，或乾脆另立一根望桿，拉上酒旗，讓旗子隨風飄展。有的店家還會在酒旗上注明經營方式或售賣數量，讓客人一目了然。清代小說《歧路燈》中，開封祥符三月三吹臺會上，就有一面「飛在半天裡」的酒簾，寫著「現沽不賒」。酒旗的作用基本上就是現在的招牌、燈箱或霓虹燈。

除了酒旗這個稱呼，在古代史書和文獻中，不同年代對酒幌的稱謂也不相同，較常見的有「望子」、「招旗」、「引招」、「換招」、「攔路旗」等。宋代孟元老《東京夢華錄》中，「至午未間，家家無酒，拽下望子。」酒幌就被稱為「望子」。但元末明初的《水滸傳》裡：「當日晌午時分，走得肚中饑渴，望見前面有一個酒店，挑著一面招旗在門前，上頭寫著五個字道：『三碗不過岡』。」酒幌又成了「招旗」。同樣是《水滸傳》，還有：「遠遠地杏花深處，市梢盡頭，一家挑出個草帚兒來。智深走到那裡看時，卻是個傍村小酒店。」、「那婆子取了招兒，收拾了門戶，從後門走過來。」這裡的草帚、招兒，也是酒旗。

酒旗是古代幌子中最具代表性的一種。隨著社會的發展，古老的酒旗已被各種光電音響設備取代，杜牧筆下「水村山郭酒旗風」的景致，如今也只能從電視劇中領略了。

其他幌子

從史書文獻來看，幌子最初使用於酒鋪，隨著時間推移和社會發展，其形式也隨著店鋪的性質而有所差異。酒幌在中國古代雖然數量眾多，但其他商品的幌子也不可忽視，如飯店、藥鋪、雜貨店、煙袋鋪等，各種形式異彩紛呈。

飯館的幌子不僅能向人們展示飯館的種類，還可以區別飯館的等級和民族。舊時的飯館會在門外懸掛羅圈，有些地方的小飯館門口則是掛一個柳條或笊籬當作幌子。在老北京人眼裡，羅圈下綴紅布條的是漢族飯館，綴藍布條的是回族飯館。如果光掛個羅圈，則是賣籠屜的作坊。如果羅圈下有三根繩，表示有籠蒸食品。繩上結白花，表示有包餡食品。切麵鋪則以一羅圈糊上金紙或銀紙，下垂紅燈花紙條，以羅圈象徵煮麵條的鍋子，垂條象徵麵條。

「永星齋」糕點鋪

老北京的糕點鋪門面通常講究，幌子一般是紅牌金字，扁鐵鉤環頂端向上卷花，每塊木牌則是「龍鳳喜餅」、「芙蓉糕馬」、「大小八件」、「桂花蜜供」、「重陽花糕」、「滿漢糕點」等。

藥鋪的幌子多半由一塊四周為白色、中間一個黑心的木板製成。上下是直角等腰三角形，表示半帖膏藥。中間是菱形，表示一整帖膏藥，中間用鐵鍊連接。北方有些藥鋪會掛出一長串的膏藥木頭模型，藉此招徠顧客。南方有些城鎮的中藥鋪除了掛膏藥，在兩掛膏藥之間，還有一個腳踏蓮花的小男孩。據說小男孩表示的是該藥鋪有專治兒科疾病的坐店郎中。還有用魚形木板製成的幌子，魚是一種吉祥物，表示用了我的藥，保君除疾祛病，平安如意。

肥皂鋪的幌子也十分有特色。老北京新街口外的「寶興齋」香蠟胰子（肥皂）鋪，店主在門簾上掛了個銅鈴，風一吹便叮叮噹噹，人們稱之為「響鈴寺」。地安門外「寶瑞興」油鹽醬園店的門前則有一個上塗紅色油漆的木頭大葫蘆，人們稱它為「大葫蘆」。北京鼓樓前的煙袋斜街，因街內有家煙袋鋪做了一個特製的大煙袋掛在屋簷下而得名，街名保留至今。傳統的常州「宮梳名篦」製造廠家「真老卜恆順梳篦店」在店門口掛了一個特製的大木梳做標誌。有的店鋪的幌子代表其行業特色。顏料店掛若干木製的彩色木棒，修車鋪掛一個車圈或車帶，鼓鋪掛一串鼓，草料鋪則用竹竿捆一束稻

藥鋪的幌子

煙袋鋪的幌子

草等。

清末民初，上海和廣州街頭已有不少外商廣告。這些來華外商頗知中國幌子的意義，入鄉隨俗，做了很多極具當時特色的幌子。比如英國人開的滙豐銀行就在門前立了個銅獅子為幌子，美國的美孚石油公司則用飛馬為幌子。這些洋幌子也有商標之意。如今，世界各地的都市城鎮都有霓虹燈廣告，五彩繽紛，各種各樣的招牌交織成光的海洋，令人徜徉街頭，流連忘返。

幌子這種廣告形式歷經數千年而不衰，表現出旺盛的生命力，除了與商業繁榮、社會發展等客觀環境相適應外，其中更重要的原因是它植根民間，蘊含了豐富的民俗文化，是中國民俗文化的重要載體之一。舊時商業的繁榮、民眾的心態、世俗風尚，都從幌子中折射了出來。山西的喬家大院裡有一間展室，專門陳列各種類型的幌子，包括燈籠、酒葫蘆、小棺材、金元寶等，令人嘆為觀止。平遙古城的明清街上，各色幌子迎風招展，完好保留了明清時期幌子的原始形態。河南開封的清明上河園則是收集史料與專家論證，力圖仿製和恢復《清明上河圖》中各種類型的廣告，使幌子成為園中一大景觀。

老北京大街上的幌子

清代畫家徐揚所繪《姑蘇繁華圖》（局部）

藏在字號裡的匠心

字號牌匾在中國古代社會發展得頗為成熟，對現代社會的影響也很深遠。開設一家像樣的店鋪，首先要考慮取一個響噹噹的字號，再設計一塊好牌匾，不僅選料要精良，做工要精細，還要用金漆塗寫，才顯得出店家的氣度和財氣。

字號

商家的字號就是商家的名稱，商家建號的目的是為了在消費者心中樹立良好的形象和信譽。店鋪的字號不僅可以做為標識，發揮招徠顧客和提高店鋪知名度的廣告作用，還能展現店主的文化品味和經營品質，因此向來是一道亮麗的商俗風景。

在宋代，商店以姓氏命名的情形相當普遍。南宋吳自牧的《夢粱錄》中：「向者杭城市肆名家有名者，如中瓦前皂兒水……自淳祐年有名相傳者，如貓兒橋魏大刀熟肉、潘郎乾熟藥鋪……（藥局）局前沈、張家金銀交引鋪，劉家、呂家、陳家彩帛錢，舒家紙紮鋪，五間樓前周五郎蜜煎鋪、童家柏燭鋪、張家生藥鋪，獅子巷口徐家紙紮鋪、淩家刷牙鋪、觀復丹室，保佑坊前孔家頭巾鋪、張賣食麵店、張官人諸史子文籍鋪、訥庵丹砂熟藥鋪、俞家七寶鋪、張家元子鋪，中瓦子前徐茂之家扇子鋪、陳直翁藥鋪、梁道實藥鋪、張家豆兒水、錢家乾果鋪……」很明顯，上述的杭州知名店鋪幾乎都是以經營者的姓氏命名，冠之以「某家」，可見在宋代以前，字號通常是店鋪的標記而已，沒有什麼特殊含義。到了明清以後，隨著城市的發展，人們的審美觀不斷提高，字號也開始宣傳商家的經營理念，內涵便隨之逐漸豐富起來。此時的字號已不再僅僅是由人物、商品的名稱組成，而是包含了豐富的內容。

從字號反映的內容和思維來看，大致可分成兩種類型。一種是將店主的姓氏和店鋪性質結合為一個整體的字號，如成都的「賴湯圓」、「龍抄手」等；另一種是以生意順利興隆、財源旺盛持久、講求商德信譽等出發點來命名，清代文人朱彭壽在其《安樂康平室隨筆》中，將字號的常用吉利字彙集成一首七律詩：「順裕興隆瑞永昌，元亨萬利復豐祥。泰和茂盛同乾德，謙吉公仁協鼎光。聚益中通全信義，久恆大美慶安康。新春正合生成廣，潤發洪源厚福長。」

我們今天所知的老字號中，基本上都使用了以上的吉利字。這些常用字讓我們看到了商家希望生意做大做強、順利、持久、興隆的願望，也折射出商家經營時的公平信用理念。

字號的命名特色是有區域性的。比如武漢地區的商號取名，以三個字居多，便於記誦。雖然也有店家取兩個字的字號，但民間為了說著順口，常在其後加一「記」或「號」字，如朱錫記算盤店、蔡林記熱乾麵、黃雲記棕床店等。也有直接

武漢老字號——蔡林記熱乾麵

冠以姓氏的，如「曹祥泰」、「伍億豐」、「汪玉霞」等。浙江地區起名，則在吉祥字之前加上店主的姓，比如方聚元銀樓、董生陽南貨店等。有的則在吉祥字前加「老」字，以示商店歷史悠久或注重信譽，如老同源鹹貨店、老德馨香燭店等。

一些知名老字號命名的背後，也負載著許多文化內涵。創立於清康熙四十一年（一七〇二年）的同仁堂中藥店，「同仁堂」三個字背後，是其創始人樂顯揚繼承和發揚中華醫藥傳統的故事。樂顯揚早年是手搖串鈴行醫的郎中，看病過程中也售賣藥材，後開設藥店並為病人診病，因他痴迷於中國古代醫藥方書的治病藥方，且多有研究，便開設了同仁堂藥鋪，研製中醫成藥。樂顯揚嚴格按照古代醫藥方書裡的藥方調製成藥，目的是希望中國古代名醫的優秀藥方能夠流傳後世，取名「同仁堂」的本意也是如此。因具備多年行醫經驗，加之按照古書藥方精心研製，研製出來的中成藥療效十分顯著，名冠京師，招牌在兩百餘年裡的大多數時間裡一直高高豎立。

開設於清同治年間的綢緞店「瑞蚨祥」之名亦有講究，「瑞」取自瑞氣，「蚨」意為錢財，「祥」寓意吉祥，三字合稱意為「瑞氣吉祥，財源茂盛」。「瑞蚨祥」之所以名聲遠播，與其經營理念有關，當時瑞蚨祥的三大經營特色是：品種齊全、貨真價實、服務熱情，聲譽名冠北京「八大祥」之首。

創建於清康熙年間的醬園「六必居」則得名於其經營信條：「黍稻必齊，曲蘗必實，湛熾必潔，陶瓷必良，火候必得，水泉必香。」全聚德創建於清同治三年（一八六四年），創辦人楊全仁將前門肉市胡同的「德聚全」雜貨鋪買下來，自己開設掛爐鋪。新店鋪的名字是楊全仁取「以全聚德，財源茂盛」之意，並從其名字「全仁」的「全」字得聚財、德隆之願，把德聚全字號顛倒過來而得來的，即「全聚德」。再加上清代名士錢雲谷為之題寫了牌匾，使其美名藉助這塊金字招牌流傳至今。

有些店鋪字號的命名具有濃郁的文化韻味。如武漢漢正街的謙祥益布號，源出《尚書．大禹謨》中的「謙受益」；九如齋糕點，源出《詩經．小雅．天保》，篇中連用九個「如」字，有祝賀福壽延綿不絕之意；雪鴻軒紙品店，取意於蘇東坡〈和子由澠池懷舊〉一詩：「人生到處知何似，應似飛鴻踏雪泥，泥上偶然留指爪，鴻飛那復計東西」，比喻往事遺留的痕跡。用典與選字都非常考究，雅中通俗。還有些經營者文化修養高，命名多引經據典，出之有據，追求一種高貴典雅的美學，比如經營醬品的「味蓴園」，命名取自晉人張翰留戀故鄉的蓴羹鱸膾而辭官的故事；始於清光緒年間的長沙德園茶館，店名則取自《左傳》中「有德則樂，樂則能久」之意。

有些字號的來源是民間流傳的人物傳說和歷史典故。浙江的「老三進」創始於清末，原為前店後廠的專業鞋店，「三進」出自黃石公三次以鞋試張良的典故。《史記．留侯世家》記載，秦末隱士黃石公連續三天坐在橋上將自己的鞋子甩到橋下，再命張良拾起來替他穿上，以試其忍心和毅力，最後將《太公兵法》傳給張良助漢滅秦。老三進巧用這則與鞋有關的典故命名，又寓有虛心進取、功成名就的吉祥之意，可謂非常貼切。浙江湖州的老字號「慕韓齋」藥店原名「葉慕韓齋」。相傳漢代長安市上有個叫韓康的人，採藥賣藥，講究品質，口不二價，為後人傳頌。

中華老字號「六必居」

浙江慈溪石步葉家老闆在湖州開設藥店時，因為極仰慕韓康的賣藥精神，故取名「葉慕韓齋」。清代北京的「都一處」燒麥館眾人皆知，據說「都一處」三字為乾隆皇帝御筆親書。相傳乾隆十七年（一七五二年）除夕，皇帝信步走出皇宮，卻發現因為是除夕夜，闔家團聚，許多店鋪關門閉戶，皇帝走逛多時，在京城角落裡發現一間小酒館亮著燈，便進去喝酒，並得知小酒館尚未起名。事後，宮內送來皇帝御筆親題的「都一處」招牌。「都一處」燒麥館從此身價倍增，名震京城。

還有些以怪取勝的字號，如天津「狗不理」、上海「天曉得」，南京還有一家知名膏藥店叫「高黏除」。這些取怪名的字號當然也是為了招攬生意。此外，店家在取店名字號時，往往會注意防止五行和生肖相剋，這是一種古老的習俗。開木器行的，字號裡從來不用「金」字，因為五行中「金剋木」。又比如店主屬蛇，就從來不買蛇肉，開飯館也不會賣蛇肉等。

當然，好的字號還需要好的經營管理，才能取得顧客的肯定和信賴，擁有廣泛的社會信譽，使商鋪大加發展。許多老字號，如中藥店同仁堂、帽子店盛錫福、鞋店內聯陞、烤鴨店全聚德、涮羊肉東來順、包子鋪狗不理、刀剪鋪張小泉、書畫店榮寶齋、大飯店利順德、筆莊李福壽和胡開文等，都是以其優異的經營管理贏得了世代傳誦，至今仍立於不敗之地。

北京前門都一處燒麥館

牌匾

春秋時期，商人開始分化為行商和坐賈，也表明當時的商業發展已具一定規模，分化為必然之趨勢。坐賈的出現，是牌匾得以產生的前提。坐賈有固定的經營場所，坐攤經營，或經營特定的商品，牌匾也隨之發展起來。

具體來說，牌匾是招牌與匾額的合稱。招牌一般用來寫明店鋪名稱、字號等，是為了宣傳店鋪而設，可說是字號的載體。匾額則用於傳遞店家經營理念，不會直接書寫店名、字號等。

牌匾有大、中、小之分。大者俗稱「沖天招牌」，通常立於店鋪某一側的前方，木質長方形，高出鋪面房，十分醒目，多用於書寫店名或字號，《清明上河圖》中很常見。中者則掛在店門兩側，讓人看了一目了然。小者懸掛於屋簷下，顧客必須走到店門前才能從小招牌中得知該店所賣貨物。

招牌是一種伴隨性的廣告，一離開商人的商業活動就失去了存在意義。夏商周時期，生產力低下，交通阻隔，商人的經商活動被限制在狹小的範圍之內，有些商人群體甚至無法離開居住地前往其他地方經商，也讓招牌的形態相當原始，呈現簡單、粗糙、就地取材的特色，並有鮮明的地域特徵。地域特徵與當時人們的生活水準、生活方式及風俗習慣密切相關，北方的招牌被打上了北方地域風俗民情的深深烙印，南方的招牌則帶有南方地域風俗習慣的刻痕。這一時期，固定的經營場所並不多見，商人的經商活動多半是個體戶或小群體的流動性活動，招牌的形制多為原始的布幔或懸物，因此根據當地的材料和個人喜好及民眾的識別習慣來設計、製作招牌，成為早期的招牌深具鮮明地域特性的重要原因。

春秋戰國時期，手工業得到發展，但多半是在官方開設或管控的手工業工廠中生產，因此這一時期的招牌形制是「官工銘刻」，也就是今天我們說的品牌廣告。這種廣告形態是現今品牌標誌和名牌標識的前身，為其雛形。

隋唐時期，「坊市」制度盛行。隋代官府要求市場內的商品經營者必須懸牌經營，所懸之牌要能夠標明商品的名稱，也能顯示商品的價格，成為一種新的廣告表現形態。宋代以後，坊市制度被打破，出現寬大開闊的大型店鋪，也讓招牌能在更寬闊的地域和空間內被使用並傳達更豐富的廣告資訊。這一時期招牌的傳播途徑、方式、類型及懸掛位置都發生了變化，成為隨處可為、隨處可見。

招牌能夠凸顯店家的經營特色和經營類別，反映店家的經營想法和經營風格，一般大眾也能從招牌中接收相關資訊，識別出行業特徵，因此樂於接受這種廣告形式，也讓店家在設計、製作招牌時，往往千方百計要突出行業特色並大力宣傳自身經營理念。

橫招

招牌的製作體現了文化底蘊。從懸掛位置看，最典型的橫招多在店鋪正門上方，這是一個相對固定且最容易識別的位置，多半書寫店鋪的字號或店名，行業特徵則從牌匾的大小、材質，以及字號的知名度、美觀程度，還有字號書寫者的身分、地位等方面綜合表現出來。許多招牌在製作時會將傳統工藝、義理、書法融為一體，具有鮮明的中國文化特色。武漢漢正街上的招牌最能體現出傳統民俗的特點。

漢正街原是沿河的墟市，是漢口歷史上最早的中心街道，也是萬商雲集、商品爭流之地。長江最大的支流漢水發源於陝西省，並由漢口注入長江，很早以前，陝西省的商人就乘船順流而下，在漢正街中轉販運貨物。換言之，漢正街最初是由貨物集散批發而發展起來的。清末，漢正街著名的招牌有藍田室雅扇、玉露齋燒臘、羅天源帽、何雲錦鞋、洪太和絲線、牛同興剪子、葉開泰丸藥、高黏除膏藥、汪玉霞茶葉等。這些店鋪因貨真價實，成為有口皆碑的「金字招牌」。葉開泰、汪玉霞等大字號的招牌在製作時不僅選用堅如磚石的上等木材，塗刷上等國漆，光彩照人，還在字上貼金或堆沙做字，也大多重金禮聘當時的著名書法家題寫，再依樣製作。

在二十世紀二〇年代，漢正街許多招牌為山西人路達所書，落款為「太原路達」。一九三〇年以後，較多的招牌為紹興人謝翹所書，落款「紹興謝翹」或「餘姚謝翹」。也有請政府官員題寫以示隆重的，如民國初年漢正街老大興園酒樓的招牌，即夏口知縣侯祖畬手題。這些具有中國傳統文化形制的招牌，現在在漢正街市場上還看得到。

另外，老北京最熱鬧的地方——大柵欄同樣商號雲集。老北京曾經流傳一個購物口訣：「買鞋內聯陞，買帽馬聚源，買布瑞蚨祥，買茶張一元，買鹹菜六必居，立體電影只有大觀樓，針頭線腦最好長和厚。」而這些老字號無一例外，都匯集在大柵欄這塊「風水寶地」，可見大柵欄的老字號招牌完全不輸漢正街。瑞蚨祥、馬聚源、張一元、內聯陞、同仁堂等，含括了餐飲、消費、娛樂等各個行業，在北京可謂首屈一指。

清代漢正街近景

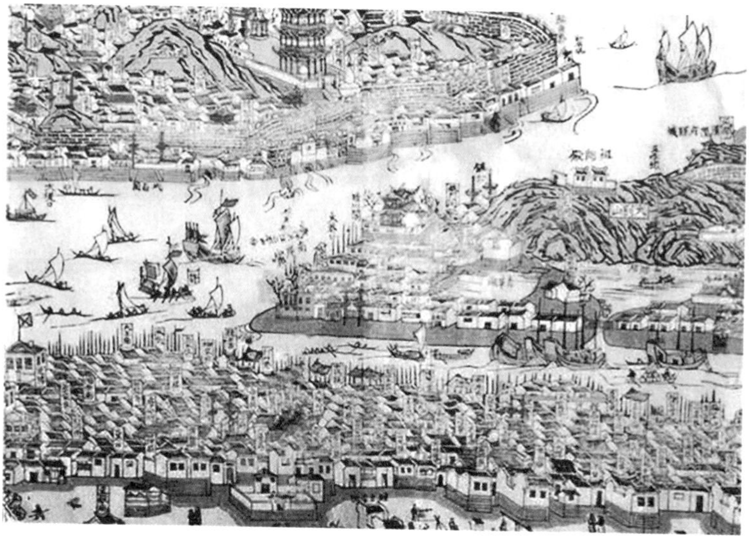

清朝時期漢正街全貌

大柵欄內聯陞鞋店

大柵欄瑞蚨祥老字號

豎招

豎招是將長條形的招牌懸掛在正門兩旁或門面、門內的立柱上。如果是單側懸掛，多半書寫店鋪名稱或字號，小店往往因為門面不大、房屋低矮而採取這種形制。較大的店鋪則會以對稱懸掛在門面兩側的楹聯來傳達行業資訊、突顯經營特色。

由於字號或店名通常字數較少，店家又常選用一些吉祥的字眼當作店鋪名稱，因此除了知名度較高的店鋪，大多數店鋪的名稱或字號其實無法傳達太多行業資訊，這時豎招就能解釋或補充橫招的不足。從某種意義上來說，店家的經營性質或經營特色往往在豎招上最能充分表現出來。

規模較大的商店還有一種叫「青龍招牌」的豎招，長方形，黑底金字，豎置於櫃檯角尺彎的青龍首，面向店門口。「青龍招牌」題的都是名家書寫的正楷大字，並隨著行業不同，有的說明商品的道地正宗，有的說明經營商品的歷史淵源。如寫著「開缸香千里，酒醉過三家」的一定是酒鋪，寫「聞香下馬，知味停車」的必定是能夠提供食宿的旅店，南貨店則是「遊仙始羮」，醬園是「鼎鼐調和」，茶莊是「盧陸遺風」和「玉盞流霞」，藥店是「橘井流香」和「頤壽延春」，布店是「杼軸充盈」，顏料店是「勻碧調朱」，錢莊是「川流不息」和「以義為利」，紙店是「名重洛陽」等。透過小小的豎招，清晰地呈現該店的行業特色。

老北京的街景和鞋店幌子

糧油店的豎招

其他牌匾

除了橫招和豎招，從位置來看，還有牆招、坐招等其他形式。牆招的位置往往不在店面的正面，多半是在山牆的牆壁上。山牆指的是建築物兩端的橫向外牆，一般臨路，店鋪會把刻有字跡的青石鑲嵌在山牆上，也是最好的。如果鑲嵌在店鋪正面，往往是針對幌子、橫額的補充說明。由於大店鋪的正面門窗較多，牆招也會放在正面最邊緣的位置。牆招通常書寫店名或字號，也會題寫服務內容或經營特色。清末民初的當鋪和醬鋪，都會在牆上寫有「當」或「醬」等字。清代的澡堂牆上則會寫「金雞未唱湯先熱」等字句，盡顯行業特色。

坐招大多放在臨街的櫃檯或大店鋪內置的櫃檯之上，題寫能夠反映商家理念或經營特色的詞句，比如「公平交易」、「童叟無欺」等，也最常見。除了這類講述商家誠信的字句，還有反映經營特色或經營性質的「妙手回春」、「民以食為天」等詞句。坐招和幌子、橫招、豎招一樣，都能發揮強化行業特徵的作用。民初的當鋪也使用坐招，在店堂中間放置一塊底座鏤空的雕花木牌，上寫一大大的「當」或「押」字。

傳統意義的牌匾興盛於唐朝，後歷經宋、元、明、清，表現形式日漸成熟。發展過程中，牌匾除了是店鋪吸引顧客的標記，也反映了商家的經營理念、商業道德和信譽，更反映出不同朝代的審美觀，是中國古代社會獨特的藝術表現形式，蘊含了豐富多彩的中國古代商俗文化內涵。

中山香山商業文化博物館內的當鋪坐招

商業楹聯的故事

楹聯又稱對聯，商業楹聯是從民間貼對聯的習俗演變而來。商業楹聯是舊時店鋪常見的一種裝飾，內容往往與店鋪的性質、字號有關，並賦以吉祥如意、財源茂盛等象徵。商業楹聯是一種巧妙妥貼的廣告方式，是以文學和語言藝術為基礎的楹聯藝術，與招牌和店堂廣告互相結合之後的產物。精明的生意人往往喜歡透過楹聯吸引顧客，許多膾炙人口的商業楹聯更將商家的信譽和宗旨傳播得遠近聞名。

楹聯的出現，一般認為始於五代十國。史書記載，後蜀國君孟昶曾經統治蜀地，此地人傑地靈、物產豐富。生活奢侈的孟昶喜歡粉飾太平，下令文臣為宮門外的兩塊桃符寫一組對句，文臣獻上的對句卻都無法令他滿意，最後自己提筆寫了一副，「新年納餘慶，嘉節號長春」。自此以後，楹聯便流傳於民間，並開始深入平民的市井生活。

楹聯應用於商業肇始於宋朝的酒旗詩，明代中後期以後，文人儒士逐步衝破不重視商業的傳統觀念，以對聯等形式涉足廣告領域。到了清代，商業楹聯更加流行，成為商業廣告的宣傳形式之一。

楹聯的分類

商業楹聯的使用主要集中在店鋪、酒肆和茶樓。店家之所以使用楹聯藝術做為廣告，主要是為了提高廣告的藝術感染力，並達到吸引招徠顧客的目的。商業楹聯的運用目的可分成兩大類，第一類反映行業特徵、商品資訊，第二類突顯店家的經營理念。

反映行業特徵、商品資訊的商業楹聯

招牌主要書寫店名或字號，幌子主要表現商品的種類、特色或反映商品經營的抽象特徵，楹聯則借用了牌匾的形式，反映商家的商品經營特色，是一種兼顧牌匾和幌子的優點，又能反映商家經營特色的廣告形式。

店家往往希望能用最簡潔的語言，組成內蘊深刻、行業特徵明顯的商業楹聯。在長期的發展和積累之下，商業楹聯經過精心加工和提煉，最後形成了鮮明的行業特色。如顏料店的「青黃赤黑白，紫綠朱藍橙」；醬菜店的「金鼎酸鹹皆宜口，玉缸滋味好充腸」；酒樓的「釀成春夏秋冬酒，醉倒東西南北人」；飯館的「佳餚美酒千人醉，飯暖茶香萬客嘗」；旅店的「未晚先投宿，雞鳴早看天」；茶樓的「泉香好解相如渴，火紅閒評坡老詩」；粥店的「薄煮紅桃千朵豔，芳傾絳雪一甌香」；理髮店的「不教白髮催人老，更喜春風滿面生」；土特產店的「冬筍春茶皆

瑞蚨祥門口的楹聯

有，香菇海味無窮」……極具文化特色，且既顯示了行業特徵，又說明了經營範圍，用詞準確，具有很強的說服力。

有的商業楹聯既突出地方特色，又突顯產品的優異品質，如墨店的「華陽墨水和丸妙，蜀國烏煤落紙香」；有些楹聯蘊涵歷史典故和文化特色，如肉鋪的「銖兩能均，陳平宰肉；方寸不失，韓子鼓刀」；有些楹聯點出產品品牌和製作工藝，如梳篦店的「蘭陵妙製工鏤月，菱鏡新裝助掠雲」；還有一些商業楹聯在表現產品時十分有氣勢，如毛筆店的「雞距鹿毛，花開五色；鼠鬚麟角，筆掃千軍」。

反映商家經營理念的商業楹聯

有些商家偏好採用格調高雅、立意清新的文宣來宣傳，這類商業楹聯往往帶有文學藝術的獨特魅力，能夠高度提煉和概括商家的經營理念與美好的祈願，並迎合顧客心理、滿足其消費習慣。許多老店的商業楹聯流傳至今，讀之仍讓人回味無窮。

這類商業楹聯最典型的就是「貨真價實，童叟無欺」和「公平交易，保管來回」，這兩則楹聯濃縮了中國古代社會數千年的經商誠信思想。類似的還有「子貢經商取利不忘義，孟軻傳教欲富必先仁」。雜貨店的楹聯則有「不時之需取攜甚便，凡物皆備價值無欺」，不僅點出行業特徵，又表達了店家的誠信。又如錢莊的楹聯「萬選想廉德，千金重諾言」、紙店的楹聯「名重洛陽，品重郯溪」、扇鋪的楹聯「明月入懷，團圓可握；仁風在抱，披拂當襟」、酒肆飯館的楹聯「勝友如雲，高朋滿座」等。

反映商家美好祝願或對世事看法的楹聯也不少。如米店的楹聯「糧乃國之寶，民以食為天」、油鋪的楹聯「欲把名聲充宇內，先將膏澤布人間」、磨坊的楹聯「乾坤有力資旋轉，牛馬無知憫苦辛」、服飾店的楹聯「願將天上雲霞服，裁著人間錦繡衣」、藥店的楹聯「但願世間人無病，何憂架上藥生塵」等。這些楹聯立意深遠，往往能博得人們的好感。還有些楹聯反映了商家的美好祈願。如雜貨店的楹聯「生意興隆通四海，財源茂盛達三江」和「好貨時時有，財源滾滾來」、車馬行的楹聯「行車千里路，人馬保平安」、調味品店的楹聯「五味和為貴，四時用不窮」等。

商業楹聯趣話

商業楹聯可謂中國廣告藝術的瑰寶，具有濃郁的民族和文化特色。不少商業楹聯背後都有傳奇色彩或感人至深的故事為鋪墊，這些故事往往源於民間的日常生活，獨具魅力。

明朝杭州有一個楹聯救父女的故事。明朝弘治年間，杭州西湖邊上有一父女開的酒館，因經營不善，生意蕭條，父女倆整天愁苦度日。一天，名書法家祝枝山遊湖歸來，進店飲酒，見店主人愁眉不展，問清緣由後，便叫他們拿來筆墨，揮毫寫下對聯一副：「東不管西不管，我管酒管；興也罷衰也罷，請罷喝罷。」兩行大字，轟動全城，每天來觀賞的人絡繹不絕，酒館興隆了起來，可謂一副楹聯救了一對父女。

同樣是江南四大才子之一的唐伯虎也流傳著一個與商業楹聯有關的故事。有位新開張的商店老闆請唐伯虎為自己的店題寫對聯，唐伯虎寫下：「生意如春草，財源似流水。」此聯不僅對仗質樸工整，又抓住了商業的特色和商人的心理，極富韻味。老闆貼上此聯後，一時門庭若市，招徠了眾多顧客，生意大增。

明代大詩人趙子昂也曾題寫楹聯。趙子昂在揚州瘦西湖湖畔遊玩時，恰遇離湖畔不遠的一家酒樓開業，那天他興致正高，便也湊去看熱鬧，只見人們興高采烈地敲鑼打鼓，燃炮鳴笛，慶賀酒樓開張。趙子昂定眼望去，發現該酒樓雖只兩層，建築卻甚精緻，尤其是門樓正上方掛著一塊匾額，上書三個圓潤飽滿的大字「迎月樓」，他端視良久，不由得喝了聲彩。喝彩聲驚動了酒樓主人，主人見趙子昂氣度不凡，又是文人打扮，心裡已生出幾分敬意，力邀他入席品酒。席間一得知眼前之人就是大名鼎鼎的趙子昂，頓時大喜過望，請求趙子昂為酒樓題寫楹聯。趙子昂趁著酒興，揮筆題寫了「春臺文苑三千家，明月揚州第一樓」，與「迎月樓」的店名珠聯璧合，遙相呼應。此後，慕名前來觀賞真跡和品嘗「揚州第一樓」美味的人絡繹不絕，酒樓生意做得熱鬧興隆。

浙江塘棲姚致和堂自製的痧氣丸、紫金錠、行軍散，因療效顯著，聲名遠揚，在清代被列為貢品。嘉慶十年（一八〇五年）和道光三年（一八二三年），浙西遭受大水災，災後瘟疫流行，該店店主貢生姚湘帶著自製的藥丸前往災區，救活者無數，一時稱頌一方。然而，隨著姚致和堂聲名鵲起，有些心術不正的人打起歪主意，紛紛假借其名聲賣假藥。但姚致和堂始終確保品質，誠信經營，並未因假藥而名聲受損。姚致和堂不僅受到民間一致讚譽，也得到官府的高度評價，相傳清代浙江巡撫彭宮保曾經親臨塘棲姚致和堂查訪，親身感受到該店誠實經營的作風，特地寫下「真實不二」四字相贈。清兵部右侍郎夏同善也曾為姚致和堂撰寫抱聯：「天下第一好事還是讀書，世間百年舊家無非積德。」

除了文人雅士，帝王將相也有一些與商業楹聯相關的故事。相傳明太祖朱元璋是第一個撰寫商業楹聯的人，他為一戶不識字的閹豬人家寫了一副對聯：「雙手劈開生死路，一刀割斷是非根。」幽默風趣，活潑生動，更重要的是替閹豬者做足了宣傳，是一副行業特徵濃郁的商業楹聯。

清朝的乾隆皇帝不僅安邦治國，還以擅長書法聞名於世，不少地方都留有他的墨寶。傳說有一年乾隆帝微服私訪，在京城偏僻小巷裡見到一家叫「天然居」的飯館，素有題詩聯句之癖的他此時詩興大發，提筆在店牌上寫下了上聯「客上天然居，居然天上客」，下聯卻苦思不得其果，正大傷腦筋之際，主編《四庫全書》的大學者紀曉嵐已然對出了下聯——「人過大佛寺，寺佛大過人」。此事很快傳為京城佳話，前來觀賞對聯的人和進餐館享受「天上客」禮遇的人擁擠不堪，一副對聯就讓天然居飯館的老闆成了京城富翁。

這些歷史故事或傳說典故完美詮釋了商業楹聯廣告藝術性強、文化特色鮮明的特色。商業楹聯做為一種特殊的商業文化，是在商業文明的基礎上形成的，根植於中國傳統文化的土壤，可謂民族文化的瑰寶。商業楹聯既是商業活動中特有的傳統裝飾藝術，也是一種商業文化和巧妙的廣告，各行各業都有精妙的楹聯傳世，不論是功能性、實用性、藝術性，價值皆高。

清代宮廷畫師郎世寧所繪《乾隆皇帝大閱圖》

第六章

狂歡與日常
——集市與廟會文化

行走市井之間

「市」是中國最古老的貿易市場形式。唐代以前，「市」的概念與我們今日理解的大不相同。現今，「市」與「城」相提並論，但在歷史上有很長一段時期，它們各自有不同的含義。直到唐宋時期「坊市」制度崩潰，市、坊合一，「市」的概念才變得與「城」相同。

在中國古代，「市」主要有兩種含義，一是指商品交易的專門場所，即今日狹義的市場。許慎《說文解字》中，「市，買賣所之也」，也就是做買賣要去的地方。另一種含義則是指在「市」中進行的買賣行為。《爾雅．釋言第二》中，「貿、賈，市也」，貨物的交易與出售也稱為「市」。我們這裡指的主要是前者，而且與後文會介紹的「集」不同，市一般存在於城市裡。

中國古代文獻記載，市源於早期的「日中為市」和「因井設市」，此一形態則是從原始社會晚期的氏族和村落交易逐漸演變而來。下面我們從「日中為市」開始，介紹中國古代「市」的演變歷程。

日中為市

《易．繫辭下》寫道：「神農氏作……日中為市，致天下之民，聚天下之貨，交易而退，各得其所。」大意就是神農氏在中午開設集市，招引各地的民眾，集聚了各地的貨物。交易之後，人們各自得到了想要的東西而離開。神農氏的時代大致相當於中國古代的原始母系社會繁榮期，當時已經有原始的農業和畜牧業，氏族之間的社會分工也已初步形成，由於人們的社會生產力已比遠古時期高，便開始出現了剩餘生產物。

為何規定「日中為市」呢？生產剩餘的出現，使不同生產者之間有償讓渡和交換產品的需要也日益強烈，個別的、隨意的、偶然的交換，已經無法滿足需求，為了節省交易時間，提高成交率，人們逐漸形成了一些約定俗成、有較固定時間和固定地點的交易集中地，並產生了一些交易規則，「市」的形態隨之產生。所謂「日中為市」，正是交易常態化、交易場所和時間固定化的表現，也就是市場的雛形。

之所以選在「日中」，則是小農經濟的局限使然。不論古代或近代，小農經濟的特色都是狹小細碎。孟子曾在《孟子．梁惠王上》為小農勾畫了一幅生活藍圖：「五畝之宅，樹之以桑，五十者可以衣帛矣。雞豚狗彘之畜，無失其時，七十者可以食肉矣。百畝之田，勿奪其時，數口之家可以無饑矣。謹庠序之教，申之以孝悌之義，頒白者不負戴於道路矣。」在這一幅美好的小農自然經濟畫面裡，老百姓有自己的產業，辛勤勞作，自給自足，幼有所養，老有所尊，守望相助，疾病相扶持。然而，這樣的一個小農之家，有什麼剩餘產品可以用來交換呢？無非是少量的糧食、布帛、雞豬和肉蛋，而且只能零碎地拿到市上「為買而賣」。只能就近交易，當天來回，去遠了，無法當天返回，就得投宿旅店，買飯充饑，售賣所得很可能連食宿費都不夠。這自然限定了他們前往集市的最遠行程，只能是半日程，早去晚歸，上半天前往集市，交易後下半天回家，所謂的「交易而退」。正因如此，「日中」成了市上交易最熱鬧的時刻，過了此時，市上便沒什麼人了。這就是「日中為市」的意義。

在這種原始的集市交易中，交易雙方主要是按照需求，進行直接交換，交易過程較為簡單，並不會出現如今商品交易中欺詐、失信等問題。關於這一點，從《淮南子・覽冥訓》這段追述即可看出：「昔者黃帝治天下……田者不侵畔，漁者不爭隈，道不拾遺，市不豫賈，城郭不關，邑無盜賊，鄙旅之人，相讓以財……」黃帝時代是中國古代父系社會的興盛期，比神農氏要晚得多，當時的人仍然嚴守古代按需交易的傳統。「市不豫賈」是指在市場交易中沒有欺詐作偽的行為，也是最質樸的交易形態。

唐代李遠的〈日中為市賦〉詳盡描寫了當時的交易場景：「曜靈正中，交易必萃。諒農皇之善制，著噬嗑之明志。蓋取諸酌中以晝一，用取夫定準於列肆。遂得販繒之子，候當午以員來；抱布之徒，恐移晷以忽至。於是旗亭滅影，賈旅協時。睹稠人之並湊，測端景以交期。雜錯相酬，而豈畏日之將夕；貿遷以退，寧夏其室信遠而。是前王之所則，實後代之攸資。當夫相高以誇，美言為市。競駕肩以求進，爭掉舌而明旨。貨聚於未央之標，州處於已逾之紀。咸寸陰而時惜，望兼贏以晝履。眾寶麇至，族蟻同風。當大明之方盛，求善價以不窮。葵藿未傾而靡僭其候，有無交鬻而久執厥中。物各以時，貨遷乃日。瞻陽烏之未盰，索青蚨以競出。質劑由是與行，權儈於焉積實。則知日以中為政，市以利為名。不求端以取表，奚

立法而作程。俾居物致富之流，心之有待；方不盈不縮之際，時即可明。景既惟恆，人得其敘。何遠珍之不至，曷近利之為阻。賈用不售者當此之歸，求之不得者於焉獲所。此乃時不差，利同射。亙五都之所，共歷百王而不易。是以知日中為市之義，豈空書於往籍。」

因井設市

《管子．小匡》說「處商必就市井」，唐代尹知章注曰：「立市必四方，若造井之制。」《史記》說「山川園池市井租稅之入」，《史記正義》注曰：「古人未有市，若朝聚井汲水，便將貨物於井邊買賣，故言『市井』。」《漢書．貨殖傳序》說「商相與語財利於市井」，顏師古注曰：「凡言市井者，市，交易之處；井，共汲之所，故總而言之也。」市與井被連在一起。

居民汲水讓水井周圍成了公共生活空間，並逐漸在水井旁形成進行買賣的場所。《風俗通義》寫道：「俗說市井者，言至市有所鬻賣當於井上洗濯，令其物香潔，然後到市。」說明了原始之市起源於村邑，以井為市相當自然，因為買賣過程中需要在井邊洗濯，而井又是許多人聚集之處。換言之，水井與人口的聚居和商品交易有著密切關係，人們在水井周圍交換商品，與「日中為市」一樣約定俗成，都是大家經常相遇的時間和地點。事實上直到近現代，大部分居民聚居區都有水井，

《姑蘇繁華圖》（局部）

各戶都從井中取水，且因生活習慣使然，取水往往有固定時間。井旁便成了居民經常見面的地方，也自然而然成了交換物品之地。

到了戰國時期，市的發展已經相當完備，交換場所也有了變化，但仍然與水井有很大的關係，這從考古出土的情況就能反映出來。比如說，楚都紀南城遺址發現了各類水井二百五十六口；北京城西南的薊城遺址中，水井分布最稠密的地方，僅僅六平方公尺內就有四口水井之多；湖北郭家崗遺址中，相距三公尺左右就發現三口水井，總共發現了七口。這些遺址不僅是戰國時期的著名城市，也是居民聚居和交易的場所，如此密集的水井群與市的繁榮和發達是分不開的。

由此可見，市的起源與水井有很大關係。「市井」一詞，不僅意指平民眾多的住宅區，也指商肆集中的地方。坊市制度出現後，市井除了「街市、市場」，還含有「粗俗鄙陋」之意。市井文化成為一種生活化、自然化、無序化的自然文化，指產生於街區小巷、帶有商業傾向、通俗淺近、充滿變幻又雜亂無章的文化，反映了小市民真實的日常生活和心態。

坊市

坊，又叫里，是古代城市的最基本單位。坊市主要是指將住宅區（坊）和交易區（市）嚴格分開，並用法律和制度控制交易的時間和地點。中國傳統城市大多是各朝代的統治中心或軍事重鎮，官府為了妥善統治，往往嚴格控制城內居民和商業活動，並形成了一系列完整的制度。坊市制度存在於中國歷史長達千年之久，嚴格隔離和監控著做為居民區的「坊」和做為商業區的「市」。追根溯源，坊市制至遲在西周就開始萌芽。

坊市制的起源

前文所述的「因井設市」發展到後來，即是在統治階級居住的城市中，劃出專門的地域，在城中的指定地點設「市」。「市」內有各種各樣的「肆」，亦即用來陳列交易商品的場所。《楚辭・天問》寫道：「師望在肆昌何識，鼓刀揚聲後何喜？」師望即姜太公呂望，昌指周文王姬昌，姜太公呂望在未遇到文王時，曾在市肆內從事「負販」（擔貨販賣）、屠宰和賣酒的生意。可見得在商代，一些城市已有比較繁盛的交易，且有固定的交易場所「肆」。

到了西周時期，官府對市的管理已經相當嚴格，坊市制開始萌芽。《周禮》所記的西周市制就是中國古代市制的典型，該制度一直沿襲到唐代，大體不變。《周禮・考工記》記載：「匠人營國，方九里，旁三門。……左祖右社，面朝後市，市朝一夫。」這是官設市制的開始，在統治階級所在的城市中，城的左邊是祖先的廟堂，右邊是社稷的祭祀場所，前方為朝堂，朝堂後面設「市」。此時的「市」是封閉型的交易市場，「市」的周圍會設市牆，臨道路的地方則開設市門，商品交易必須在市中進行。這種體制史稱「闤闠之制」，闤指市牆，闠指市門。

按照《周禮・地官》記載，因交易對象、交易時間等不同，「市」大體分為三種形式，即大市、朝市和夕市。大市指「日中為市」，於每天上午或中午開市，參加交易的人以「百族」為主，也就是城市中的百姓、工匠藝人及坐賈等，交易類別有牛馬、奴婢、貨賄、手工業品等；朝市指「朝時而市」，即每天早上開市，主要是長途販運的客商與本地坐商之間的交易，類似批發，交易類別主要有珠寶、珍異、各地土特產、手工業原料等；夕市指「夕時而市」，即每天傍晚才開市，主要以「販夫販婦」等個別小商販為主，交易種類主要是日用生活必需品與「桑弧萁服」等農副產品。

西周的市制基本上一路沿襲到了漢、唐。據古代地理著作《三輔黃圖》所載，在漢代，「長安市有九……六市在道西，三市在道東」。漢代城市的布局通常比較規則、比較整齊。市各有市官管理，定時開閉，且設有指定區域，不得與居民區混淆，稱為「坊」、「市」分區。市內還會再分區，即「列肆」，按照行業劃分，初步形成了古代工商業的雛形。到了魏晉時期，當時的洛陽都已形成棋盤式格局，《洛陽伽藍記》記載：「廟社宮室府曹以外，方三百步為一里……」是對當時洛陽最好的說明，坊市制進一步發展完善，於唐朝達到頂峰。

坊市制的發展和鼎盛

唐朝對「市」有一套專門的管理制度，並一再重申「諸非州縣之所，不得置市」的禁令。「市」有不同的級別，主要是根據城市行政級別的不同來確定「市」的級別，而不同級別的「市」會安排不同級別的官員管理。有些城市甚至嚴格限定物品的價格和交易時間，以便於管理，也維護統治的需要。雖然這些規定具有明顯的行政干預色彩，某些規定也忽略了各地的實際情況，沒有考慮到消費者的需求和意願，但把商品分門別類既便於管理，也方便交易活動的順利進行。以長安的市場為例，據《唐六典·太府寺》記載：「京都諸市令掌百族交易之事，丞為之貳。凡建標立候，陳肆辨物，以二物（金、銅）平市，以三賈（上、中、下三等價格）均市。凡與官交易及懸平贓

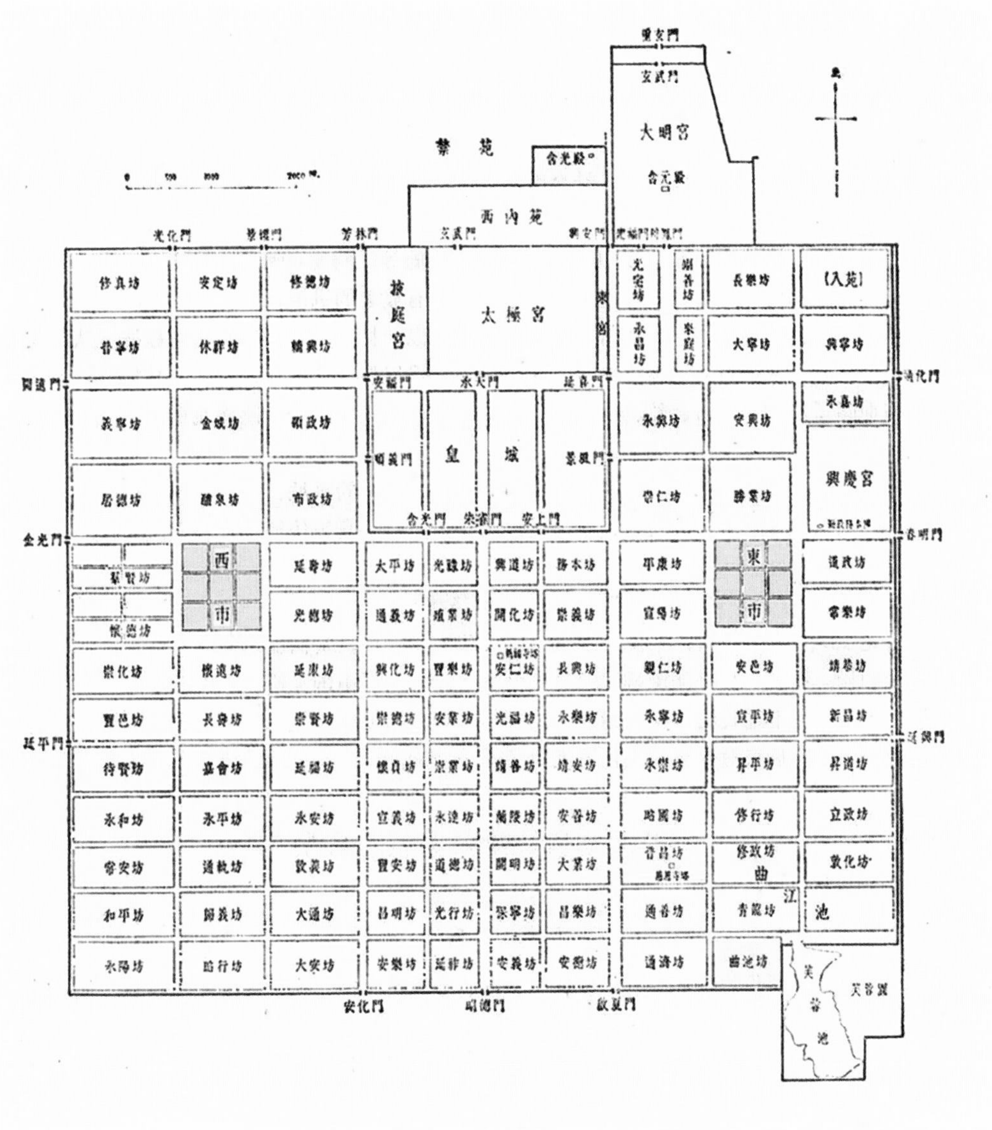

唐長安城的坊市分布圖，標黃處為東市和西市

物，並用中賈。其造弓矢長刀，官為立樣，仍題工人姓名，然後聽鬻之。諸器物亦如之。以偽濫之物交易者，沒官；短狹不中量者，還主。凡賣買奴婢牛馬，用本司本部公驗以立券。凡賣買不和而榷固，及更出開閉，共限一價，若參市而規自入者，並禁之。凡市以日午擊鼓三百聲而眾以會，日入前七刻，擊鉦三百聲而眾以散。」

從以上記載可知，長安對於市場的規定十分嚴格。各市司的市令掌管著商人百姓的貿易事務，市丞則是其副手。凡是官設市場都要用黃金和銅幣來均平物價。工匠們製造的弓箭和長刀，由官府規定了統一的規格式樣，並要求注明製造工人的姓名，然後才允許出售。其他器物亦然。用假貨或次級品交易的，沒收充公，布帛等短窄而不符合規定計量標準的，退還賣主。凡是買賣奴婢和牛馬，都要使用本市司或本行肆頒發的營業執照簽訂契約。凡是買賣之間有所爭執並發現有壟斷、囤積者，以及從事投機、眾商合夥哄抬市價者，或在買賣之間從旁敲託以謀取個人好處者，一律予以查禁。凡是開市，需於日當正午時敲鼓三百聲後，眾人才可以聚會；太陽落下前七刻鐘敲鉦三百聲後，眾人就必須散去。唐代的市場管理不論是在官吏設置、度量衡管理、商品規格、維持市場秩序、取締非法活動等各方面，都有明文規定的制度和辦法，比漢代更加完備。

洛陽是唐朝的東都，繁盛程度不亞於長安。洛陽城的東市也稱豐都市，唐代杜寶編寫的《大業雜記》描述了洛陽東市的情景：市垣周圍八里，有十二道門，市內有一百二十行，總共有三千多個市肆集中貿易。市內地方敞闊，巨大的榆樹、柳樹遮天蔽日，溝渠流水潺潺，市的四壁還有店鋪四百餘座。市內重樓亭閣，互相輝映，商旅絡繹，珍奇山積。可見洛陽市肆的繁華盛況完全不亞於長安。

唐代的市中行業分工已經較為明確，商業行肆的組織「團行」也初步形成。據文獻記載，唐代長安的商業行肆有：衣肆、韉轡行、秤行、法燭行、藥行、油靛行、煎餅團子店、食店、酒肆、客店、帛肆、絹行、麩行、寄附鋪、凶肆、珠寶行、波斯邸等，甚至還有算卜者、雜耍者等專門行業。在當時的市中，較為活躍的市肆主要是酒肆、飲食店、客店、邸店等，但僅設於市中。此時也已針對不同行業做出規劃，專門為每一行業劃出一塊區域，讓該行業經營者集中在這塊區域裡，既有利於妥善整合商業資源，又方便消費者相互比較，選擇質優價廉的滿意商品。與此同時，把經營同一類商品的商人集中起來，更能避免出現欺詐現象。

上述坊市制是中國古代城市市場的典型，並直到宋代以後才有所變化。唐中葉以前，大體都是如此。

坊市制有幾個特點：一是市設於官方指定的區域內，四周有市牆和市門，各有官吏檢驗管理，商品交易必須於市中進行，市之外不得交易；二是市有定時的啟、閉時間，並由官吏進行稽查，一般只在白天進行交易，夜間不得開市；三是上市的商品要符合官定品質和規格，違禁品不得上市，市中商品交易的價格也有官方的「賈師」負責評定；四是市中商肆分行列肆，皆載入官府「市籍」，除了外國及長途販運的客商，沒有市籍者不得入市經營。

坊市制的崩壞

中唐以後，坊市制開始逐漸受到破壞。隨著農業、手工業的不斷發展，商業出現了新的繁榮局面，單靠白天的市場交易顯然已經無法適應。於是，夜市正式出現。當時文人的詩作裡經常出現夜

清院本《清明上河圖》中的街市場景

市的場景，如晚唐詩人王建的〈夜看揚州市〉：「夜市千燈照碧雲，高樓紅袖客紛紛。如今不似時平日，猶自笙歌徹曉聞。」到了唐代後期，坊市嚴格分開的制度持續受到破壞，官府也不再限制商品交易的時間。商人逐漸在市以外的地方開店，比如在沿街處開設店鋪，擺攤設肆。

經過唐末五代的戰亂，坊市制繼續崩壞。後唐時期的洛陽，坊已成為小的街區名，亦有不少坊的坊門只是懸掛坊名以表明街區所在，並無圍牆。到了後唐長興二年（九三一年），朝廷詔令河南府「依已前街坊地分，劈畫出大街及逐坊界分，各立坊門，兼掛名額」，詔令中還提到許多具體要求，但沒有提及坊門開關時間與圍牆，代表已無必要。官府還收購了臨街可以建屋開店的田地，卻沒有提及「市」，說明了後唐首都洛陽的坊市制大體不存，只要有需要，就可以臨街開店營業。

街市

到了北宋，隨著商品經濟和城市市民文化的興起，坊市制徹底被打破，代之而起的是住商混雜的街區式商業，衝破了自古以來市坊分區的地域限制和「日中為市」的時間限制。坊市制變成街市制後，各種商店沿著大街兩旁鋪席開設，不論是河流兩岸、橋頭埠頭，商家買賣隨處布置。清晨開市的店鋪與深夜營業的店鋪並列銜接，幾乎把城市變成了不夜城。店鋪不分大小，商肆不論種類，都樹立了自己的招牌字號，酒幌招搖，旌旗翻飛，全力招徠顧客。

北宋許多文獻如《宋會要輯稿》、《東京夢華錄》、《夢粱錄》等都有記載，北宋開封的市場，大體上有日市、夜市、季節市、專業市等類型。

日市通常指坐商店鋪集中的市場，但並非專設於官方指定的「市」中，而是沿主要街區設置，在一些鬧市街區也打破了傳統的「分行列肆」傳統，開始出現相關行業比鄰而居的情況。如御街兩旁有酒樓、飯館、菜館、香藥鋪，相國寺前有魚市、肉市、金銀鋪、漆器諸物鋪、彩帛鋪等。這些店鋪通常從早上天亮開門營業，直到傍晚天黑閉店。

夜市主要指在居民居住和活動集中的街區，以及「瓦子」演藝區中，專於夜間營業的市場，一般以飲食業、小吃、雜貨為主。事實上早在東漢就有名曰「夜羅」的夜市萌芽，但因為受到坊市制的限制，真正的夜市出現於唐朝後期，盛行於宋代。孟元老的《東京夢華錄》：「州橋夜市……自州橋南去，當街水飯、爊肉、乾脯……至朱雀門，旋煎羊白腸、鮓脯……直至龍津橋須腦子肉止，謂之雜嚼直至三更。」與「馬行街鋪席……直至三更盡，才五更又復開張，如要鬧去處，通曉不絕……」北宋汴京的夜市繁榮程度，可見一斑。

季節市是按商品的時令之需或居民年中節令的民俗活動而出現的市場。所售商品多半時效性較強，在節日期間需求量較大，平時則問津者甚少。如每年七夕的乞巧市以賣女性用品為主，五月初到端午節的「鼓扇百索市」主要集中在潘家樓下、麗景門外、閶闔門及朱雀門等地，主賣端午節所需的百索（五色絲線）、艾花、銀樣鼓兒、花巧畫扇、香糖果子、粽子等。另有一些定期的集市，如燈市、廟會等。

除了京城汴京，北宋其他較大城市的季節市同樣豐富多彩。成都府的市每個月都有不同的內容，如一月稱燈市，二月稱花市，三月稱蠶市，四月稱錦市，五月稱扇市，六月稱香市，七月稱寶市，八月稱桂市，九月稱藥市，十月稱酒市，十一月稱梅市，十二月稱桃符市。反映了民間生產與老百姓生活的季節特色。

專業市則是因為坊市制崩潰後，店鋪分散各地，對於某些官府特需的行業，為了便於徵派、納稅和集中管理，官府又令其集中設市而形成，如當時汴京街頭的魚市、馬市、牛市、甕子市、薑行、紗行等。

《清明上河圖》生動描繪了當時北宋汴京的市井生活形態，其中出現了「孫羊正店」和「十千腳店」等。據記載，北宋汴京全城有高級酒樓七十二家，稱為「正店」，另外還有為數眾多的小飯館，名為「腳店」。「正店」和「腳店」的區別在於酒水的進貨管道以及是否可以自行釀酒，其中一些店「屋宇雄壯，門面廣闊」。此外還出現了多處稱作「瓦子」或「瓦肆」的娛樂場所，大的瓦子可容納幾千人，江湖藝人在此演出各種雜劇、傀儡戲、皮影戲、諸宮調、小唱、說書和雜技等，賣藥、算卦及賣各種雜貨小吃的攤商混雜其間，日夜營業。市場上的商品同樣琳琅滿目，除了來自各地的糧食、水產、牛羊、果品、酒、茶、紙、書籍、瓷器、藥材、金銀器、生產工具外，還有日本的扇子、高麗的墨料和大食的香料等。所有這些，在《清明上河圖》中都有藝術的再現，也是當時社會經濟發展的縮影。

如果說《清明上河圖》是北宋汴京繁榮的具體展示，《東京夢華錄》就是用文字記錄了汴京的市井生活。此書在前文多次提及，是宋代孟元老所著的筆記體散文，包羅了北宋汴京庶民生活的各方面，比如年時節慶、風俗習慣、祭祀活動、商店鋪席、營業狀況、雜貨商品、各種美食、行業習慣等，是一本北宋街市生活的百科全書。

孟元老在自序中記錄了當年的繁盛：「太平日久，人物繁阜。垂髫之童，但習鼓舞，班白之老，不識干戈。時節相次，各有觀賞。燈宵月夕，雪際花時，乞巧登高，教池游苑。舉目則青樓畫閣，繡戶珠簾。雕車競駐於天街，寶馬爭馳於御路，金翠耀目，羅綺飄香。新聲巧笑於柳陌花衢，按管調弦於茶坊酒肆。八荒爭湊，萬國咸通，集四海之珍奇，皆歸市易，會寰區之異味，悉在庖廚。花光滿路，何限春遊，簫鼓喧空，幾家夜宴？伎巧則驚人耳目，侈奢則長人精神。」

書中還描述了汴京最熱鬧的街市：潘樓街的商鋪，買賣的都是珍珠、布匹、彩帛、香料、金銀等貴重商品，還有一家鷹店專門招待販賣鷹隼的客商。家家戶戶屋宇高大，門面敞闊，遠遠望去，雄壯森然。豪商大賈在這裡做的都是動輒千萬兩白銀的大買賣。潘樓酒樓也是一個重要的交易場所，每天凌晨五更就開市交易，買賣的商品從書畫、珍玩、犀角玉器，到各種飲食小吃如香糖果子、豆沙團子，山珍海味，衣裳冠服，應有盡有。大街南邊還有京城響噹噹的娛樂場所，如桑家瓦子、里瓦子、內中瓦子等，大大小小的勾欄舞榭就有五十多處，連經常出入皇宮的名伶大腕們也時不時地在此處演出。還有買賣藥材、吆喝舊衣、打卦算命以及剪紙貼畫的小販們。細膩的描寫讓人身臨其境，實實在在感受到汴京街市千年不易的喧鬧與繁華，表現力完全不亞於畫作。

由於商業的繁榮，北宋成都知府張詠發行了世界上最早的紙幣「交

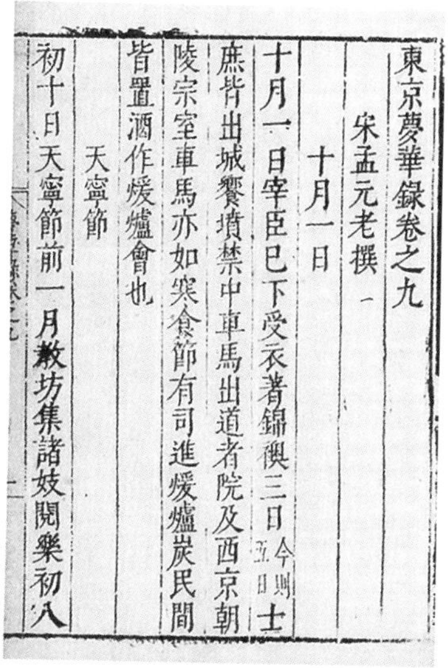
東京夢華錄卷之九
宋孟元老撰
十月一日
十月一日宰臣已下受衣著錦襖三日今則五日士庶皆出城饗墳禁中車馬出道者院及西京朝陵宗室車馬亦如寒食節有司進煖爐炭民間皆置酒作煖爐會也
天寧節
初十日天寧節前一月教坊集諸妓閱樂初八

明刊本《東京夢華錄》書影

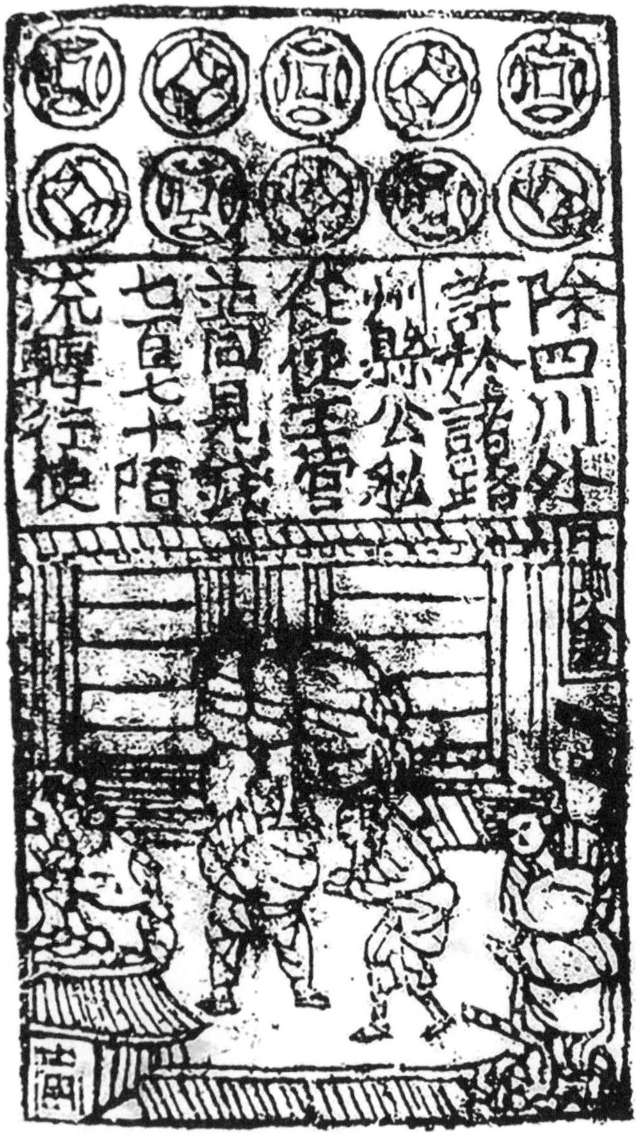

北宋交子

明代佚名《上元燈彩圖》局部

子」。交子起初只是一種存款憑證。北宋初年，四川成都出現了幫忙不便攜帶鉅款的商人保管現金的業務，名為「交子鋪戶」。存款人把現金交付給鋪戶，鋪戶把存款數額填寫在用楮紙製作的紙券上，再交還存款人，並收取一定保管費用。這種臨時填寫存款金額的楮紙券就是交子。遇到高額交易時，為了避免金屬鑄幣搬運的麻煩，愈來愈多商人採用交子支付貨款。

北宋景德年間，張詠整頓了交子鋪戶，剔除了不法之徒，並指定了十六戶富商專門經營交子。至此，交子的發行正式取得了政府認可。宋仁宗天聖元年（一〇二三年），官府在成都設立益州交子務，專門管理交子的發行，並設置本錢三十六萬貫做為發行交子的準備金，第一屆就發行了「官交子」一百二十六萬貫，準備金率為二十八％。

此做法與現代銀行發行紙幣的辦法大致相同，也是中國古人對世界經濟文化的一大創造與貢獻。最早的歐洲紙幣於一六六一年由瑞典發行，比中國的交子晚了六百多年。紙幣的出現，是北宋時期中國商業化、城市化發展水準領先世界的重要表徵。

到了南宋定都杭州，市制大體上同北宋汴京，但繁榮程度更甚。宋代時期商業的飛速發展使傳統中國的城市生活進入了一個全新的世代，並圍繞著商業發展掀起了一場城市革命，商業發展的巨大動力衝破了坊市制的限制，隨之而來的街市更開放、更自由。這也是歷史發展的必然趨勢。

明清時期，一些大型和中型城鎮的商業化趨勢發展迅速，以商業活動為主的小城鎮大量興起，行商坐賈在城市生活中的地位和影響日益擴大。此時的城市商業，市的設置已無統一規定，各商業店鋪基本上按照經營便利性和條件就近設鋪，經營時間也有了較大的自由。商業店鋪日益增多，商業活動幾乎占據了全部臨街的房屋和空地，城鎮的商業功能獲得空前發展。明代畫家受北宋張擇端

《清明上河圖》影響，創作了許多描繪當時城市市井生活的畫作，如《皇都積勝圖》、《南都繁會圖》、《上元燈彩圖》等。

《南都繁會圖》描繪的是晚明南京城市井街市的繁華景象。畫中街巷縱橫、商鋪櫛比，車馬行人摩肩接踵。繪者特別呈現了一百零九條懸掛在街道兩邊商戶樓層上的巨幅招幌，突顯了秦淮河畔三山街一帶的街市盛況。招幌上書寫著琳琅滿目的交易類別和商品名目，呈現出百貨流暢、行業匯聚的熱烈場面，有東西洋百貨、西北兩口皮貨、川廣雜貨，還有糧食豆穀行、診所、典當行、錢莊、茶坊、酒坊、油坊、布莊、銅錫店、雨傘店、鞋靴鋪、棗莊、木行等。當然也沒忘了不同職業的人節慶歡娛的場面，成群結隊的遊藝雜耍顯示了南京城的繁華富庶與消費行為的奢靡旺盛。

明清以降的市，也保留了一些古代市制的形態，比如有些專業街市常以某一地區為主，相對集中，如專業市場等；某些地方也保留了集中設點的貿易市集，如清末民初北京的東安市場，天津的勸業、天祥、泰康三大商場，多少都帶有古代坊市制遺風。時至今日，各地城市集中設點的商販市場和大型商場也具備了舊時市制的某些特點。這種集中設點的經商方式，既便於集中管理，又便於消費者自由購物，還可以貨比三家，形成良好的商業文化氛圍。

《南都繁會圖》局部

天南海北趕大集

集，是農村或小城鎮定期買賣貨物的市場，亦稱為集市。古代也叫「墟市」、「墟集」，去集市買東西，在中國北方叫「趕集」，中國南方叫「趕場」、「趕街」、「趕山」、「趕墟」等。與市一樣，集也是隨著社會分工和經濟交流的擴大而發展起來的。不同的是，集的參加者主要是農人、手工業者，他們之間的買賣活動既是生產者直接賣給消費者，也是生產者之間的產品流通。集舉辦的時間有周期性，多以隔日、數日或隔月一集的形式進行。

集的歷史

集的習俗，與市同源，都源於古代「日中為市」的貿易傳統。但從文獻記載來看，「集」到了漢代才有類似的市場出現，比如漢代長安城外七里處太學附近的「槐市」，即屬此類。槐市地近太學，是從太學生需要的文具與用品發展起來的集市。每個月的「朔」日和「望」日，也就是農曆初一和十五，來自各地的太學生各自拿著從本郡帶來的土產、經書、筆硯、樂器等，在太學門前的槐樹林下進行交換，因此稱為「槐市」。這種集市既無市牆和市門，又無專門管理的官吏，屬於民間的自發性交換。換言之，這類集市的形成是由民間自發或約定俗成的，且非每日開放，而以定期設

「集」的形式出現。

東晉時期，在城市商業發展的同時，一些沒有市的鄉邑或毗鄰農村的地方，出現了定期一聚的集市，稱為「草市」。這是一種將客商販運與鄉間商品生產者交易互相結合的市集，市中以農副產品、手工業品及飲食業等商品的買賣居多。後來遍布於各地農村的集、場、墟等，都屬於這種定期一聚的農村集市。

魏晉時期的南朝，關於草市的記述明顯增多。草市一般設置在城外交通要道和人流密集之地。《南齊書》記載，齊明帝建武四年（四九七年），「王晏出至草市，馬驚走，鼓步從車而歸，十餘日，晏誅」。《資治通鑑．齊紀》記載，永元三年（五〇一年）的一場騷亂中，南齊建安王蕭寶寅，「逃三日，戎服詣草市尉」。胡三省注釋：「臺城六門之外，各有草市，置草市尉司察之。」可見得南齊時建康城外草市的設立已經不是單一現象，朝廷設置了草市尉負責管理草市的日常運作。此外，北魏酈道元的地理名作《水經注》也記載了壽春（今安徽壽縣）有草市：「肥水左瀆，又西徑石橋門北，亦曰草市門。」這種草市或設在都市之旁，或立於商旅往來的水陸要道和津渡，最初多為自發形成，隨後則由官府委派草市尉一類的官員加以司察。隨著設置日久，草市內漸有經常進行商貿交易的固定商肆，並開始有商戶定居。於是乎，有些草市開始朝著正式的市演變而去。

唐宋時期，這類草市更加普遍。唐代的草市常設在交通要道或水陸津渡、商旅往來頻繁之地。長江下游的江淮一帶，草市十分繁榮。杜牧的〈上李太尉論江賊書〉提及，凡江、淮草市，都設在水路兩旁，富室大戶，多住市上，當時江南、江北的有名草市均曾遭賊人搶劫。王建的詩〈汴路即事〉中有「草市迎江貨，津橋稅海商」，可見唐代的草市大多在水運方便之處。

清代丁觀鵬《太平春市圖》局部

唐代中後期的廣大農村地區也出現了許多草市。如《元和郡縣誌》記載：「赤壁草市，在縣西八十里。」成都附近則「青城山前後……唯草市藥肆」。四川彭州唐昌縣的建德草市，「百貨咸集，蠢類莫遺，旗亭旅舍，翼張鱗次」。蘇軾的詩中也有「春江圍草市」的描述。可見得在州縣以外的一般鄉村小城鎮中，有很多這種人煙薈萃的小型商業集市。在嶺南地區，草市稱為墟。宋人吳處厚的筆記小說《青箱雜記》寫道：「嶺南謂村市為虛。……蓋市之所在，有人則滿，無人則虛，而嶺南村市，滿時少，虛時多，謂之為虛，不亦宜乎？」

有的草市由於商業繁榮，地位重要，逐漸發展成城鎮。《唐會要》載，唐代宗大曆七年（七七二年），以張橋行市為縣。《舊唐書》亦載，穆宗長慶年間，「滄州……置歸化縣於福壽草市」。草市既然是非正式設立的市場，自然沒有繁瑣嚴格的交易規定。草市的發展突破了隋與唐代前期對商業市場的種種限制，商品交易向城鎮以外的鄉村延伸，廣大農村地區逐漸捲入交易市場，形成了市場結構的底層，也成為唐代中期以後新興的商品交易場所與商業集中地。

明代，集市仍然是商品交換的重要形式，從都城到州縣鄉鎮都有定期舉行的集市。明代著名筆記《五雜俎》寫道：「嶺南之市謂之虛，言滿時少，虛時多也。西蜀謂之亥。亥者，痎也；痎者，瘧也，言間日一作也。山東人謂之集。」《古今圖書集成》則記載，到集市上貿易，「江南謂之上市，河北謂之趕集」。此時的集，數量較之唐宋大幅增加，有隔日一集、二日一集、三日一集、五日一集，或每逢初一、十五集，逢五、十集，逢三、八集，逢三、六集及每月一集等各種各樣，成為鄉村初級市場的主要形式。各村鎮的集往往交錯進行，因此就整體而言，幾乎是天天有集。集的情況多半是上午熱鬧，下午冷清，江南一帶的賣菜市場尤其如此。每到趕集之日，回鄉農民和商販雲集，趕集的人摩肩接踵，熱鬧非凡，可謂古今略同。

明清時期的集分成幾種不同類型。

一種是以滿足小農日常需求為主的集。明代直隸《長垣縣誌》記載：「縣境居民稠密，其村落稍大者各為期日，貿易薪蔬粟布，亦名曰集，無他貨物，蓋以便民間日用所需耳。」陝西富平縣「市集皆日用常物，無大賈也」，貿易商品多為「粟米酒脯菜炭而止」。湖南桂東縣「各鄉墟集以二、八，三、七等日交易而退，皆布米菽粟之類，無奇貨異物」。絕大多數集的參與者都是小商販，少見大商賈，所以記載中多稱「商賈無幾」、「無巨賈」等。

二是以保證小農生產需求為主的集。牲畜、農具、肥料、種子等是小農耕作時不可缺少之物，在集市交易的物品中占有重要地位。

以牲畜來說，清代山東各州縣均有常設的牲畜市，數量三五個或十餘個不等，大致每縣每日總會有一兩個或三五個牲畜市開市，需求旺季時還會開設大規模的牲畜市。其他各省也有類似的牲畜集，如廣東肇慶府高明縣欖岡墟「每年八月三、六、九日集，專鬻牛，至十月終散」。開建縣金裝墟逢二、七日墟期，「凡有客人買牛一隻，不拘水牛、沙牛及牛牯牛母，俱系每隻稅銀五分」，每年徵收牛稅銀「二十餘兩或三十餘兩不等」。還有農縣集，如河南嵩縣皋南集，在縣東二十五公里，「數十里內民貨鹽米農器，率擔負柴炭入市交易」。汝河鎮離縣百里，四周重山，「向無市，鹽米農器易於縣，往返三四日，妨農功」，遂於乾隆三十年（一七六五年）秋「始為立集，民便之」。廟灣集，離縣百餘里，「溪嶺錯互」，同樣為了方便山民「易鹽米農器」，於乾隆年間設立集市。可見即便是最偏僻的集市，農具也是集市中的重要商品，確保小農的生產力乃是集市最基本的功能之一。

肥料同樣是小農生產必需之物，因此肥料集相當普遍。如山東清平縣戴家灣集以麻餅肥為商品交易之最大宗，專設有麻餅行。利津縣店子街集設有豆餅行，江蘇吳江縣黎里鎮，「每日黎明鄉人咸集，百貨貿易，而米及油餅為尤多」。其他如麥種、薯秧、煙草、樹種、魚苗、仔豬，以及做為手工業原料的絲、棉、竹、葦、染料等，集上都買得到。

三是以某種特產商品的集散為主。清代隨著生產力的提高和商品經濟的發展，小農可供出售的農產品和手工業產品數量不斷增加，糧、棉、絲、茶、煙草、染料等，全成為集上的大宗商品。

糧食是集市貿易中最主要的商品之一，即使最蕭條的集也有少量糧食交易。南方糧產區如湖南、江西、四川等省，每年都輸出大批稻米，糧食集更是興盛。如湖南黔陽縣托口市，「附近鄉村並鄰境近肩運米粟者」都從這兒批發購買。更高一級的糧食集，如長沙府的湘潭縣，則是著名的米碼頭，凡「衡、永、郴、桂、茶、攸二十餘州縣」的米穀均匯集於此，每屆「秋冬之交，米穀駢至，檣帆所艤，獨盛於他邑」。

棉花集不管在南方或北方都頗為普遍。江南松江府和太倉州盛產棉花，除供應本地，還大量輸往閩廣、關東，久而久之就形成了棉花市。山東清平縣是清代新發展起來的棉產區，清代前期就有木棉集市，乾嘉之際「王家莊、康家莊、倉上等處亦多買賣，四方賈客雲集，每日交易以數千金計」，清末該縣的棉花集更增至十餘個。清代中葉的華北平原，棉布交易同樣很興盛。乾隆年間直隸東鹿縣和睦井集「布市排集如山，商賈尤為雲集，稱巨鎮云」。河南正陽縣「布市」以陡溝店最盛，「商賈至者每挾數千金，昧爽則市上張燈設燭，駢肩累跡，負載而來」。其他諸如絲、茶、煙草等商品，在各地都設有定期集市。這類以某種商品的集散為主的集，在清代無論是數量或規模都較前代大幅增長，與農業的商品化和家庭手工業的發展密不可分。

時至今日，許多中國農村地區仍保留著趕集的習俗，成為農民自產自銷的重要場所。有些地方仍有以某種商品為集散的集，如米市、菜市、花市、豬市、騾馬市等，今日也依然發揮著作用。

集的習俗

集是中國古代鄉村的初級市場，參與者大多是小農、小商販、小手工業者等老百姓，他們在長期的集市貿易中形成了許多獨特的民間習俗。

舉行時間方面，有日集和間日集之分。日集即每天都有，間日集指每隔數日舉行一次，是當地鄉鎮根據實際情況而逐漸形成的習俗。以陝西為例，長安縣的引鎮每月三、六、九為集期，藍田縣焦岱鎮則是一、四、七。一個縣內相鄰的鄉鎮會把集的時間互相隔開，以免相犯，比如一個鄉鎮為一、四、七，一個為二、五、八，相鄰的另一個鄉鎮就是三、六、九。

集上一般按照行業來布置。各集都有固定集中的營業區域，最常見的市就是糧食市，經營物品為原料、麵粉、菜油等。集上有經紀人，提著秤的他們也被稱為「提秤的」。少數的大宗買賣會由經紀人撮合賣方和買方。

柴草市通常設在糧食市附近，出售麥草、硬柴、煤炭等。舊時忌長途販運硬柴，民間有句諺語「百里不販樵」，因為運費貴，不合算。

蔬菜市有許多講究和忌諱，如裝卸蔬菜時不能亂扔亂拋，存放蔬菜時要將各種蔬菜分別堆放整齊，不得亂堆。葉菜忌折葉，莖菜忌斷節，果菜忌破皮，根菜忌帶泥，冬菜忌斷梗，蒜和蔥頭忌水澆。蔬菜是需要經常保鮮的商品，古代運輸條件不佳，長途販運會使青菜失鮮，所以當時有「千里不販青」之諺。

騾馬市則是為了方便經銷馬、驢、騾、牛等大型家畜，買賣雙方不直接交易，而是透過經紀人成交。

人們趕集時，常在集市地點沿街買賣商品。集市本身雖無建物，但到了後來，人們建起了牌樓，題上集市名，還有讚美當地風光或介紹市場特徵的對聯。

此外還有一些特殊的集，如畫市、祭器市等。畫市主要出售年畫、對聯和神像等。祭器市主要出售燭臺、香爐、蠟燭、香等。

有些地方天不亮成市，天明不久即散集，俗稱「露水集」、「鬼市」。如西安東城門裡順城牆一帶，及八仙庵、三橋鎮等，都有鬼市，東城門的鬼市歷史尤其悠久，最早是在王城外沿著城牆一帶設集。鬼市主要是一些破落戶或官宦後代在生活潦倒時，為了不拋頭露面、顧及顏面，趁天未破曉，路上行人稀少之際，到背暗的角落裡出賣衣物家私。有些人則專門到鬼市揀便宜，叫作「趕鬼市」。老北京的鬼市同樣遠近聞名。清朝末年，北京的鬼市極盛。一些皇室貴族的紈綺子弟偷出家藏的古玩珍寶到鬼市裡換錢，雞鳴狗盜之徒也將竊來之物趁夜色賣出，古玩行家經常撿漏、占到便宜。

江西吉安的三都牛市牌樓，對聯為「興市活市富裕市，黃牛水牛肉役牛」

一般農村的集還有臘月集，即每年臘月出現的年貨集。起始的日期各地不一，有的是臘月初八，稱「臘八會」；有的是冬至，稱「冬至集」。從起始之日，一直延續到年底。人們在臘月集上購買過年的新衣服、鞋帽，以及煙、茶、油、糖果、魚肉、禽蛋等年貨。

集市貿易中還有一個重要的習俗——市語。也就是市場商販說的行話和隱語。

關於市語的記載，唐代已見諸文字。宋代曾慥所編的筆記小說集《類說》收錄了許多唐人著作，其中卷四引唐佚名《秦京雜記》記載：「長安市人語各不同，有葫蘆語、子語、紐語、練語、三摺語，通名市語。」行業的差異形成了不同的市語，唐代的長安城，商賈各行競說本行隱語的情形已經相當普遍。

到了宋元，民間行話更是成熟，非常專業，並大量見諸文字記載。流傳至今的有宋代汪雲程輯入《蹴鞠譜》的〈圓社錦語〉，宋代陳元靚輯《事林廣記續集》的〈綺談市語〉等。到了明清，社會各行業的流行行話進一步發展，清代還出現了一部中國民間祕密語言史上的空前之作——《江湖切要》，收錄了一千六百多個詞條，是自宋至清收錄最多、分類最細的一部專門隱語行話辭書。

從這些筆記小說、雜著中，可以得知當時市語的一些現象。明代一部戲曲集《誠齋樂府．喬斷鬼》記載了裱褙匠的一段「市語聲嗽」，把「絹子」叫作「旗兒」，「紙」叫作「荒資」等；宋代有市語「巴西侯」，巴西是指巴山以西，古時產猿，「侯」與「猴」諧音，巴西侯就是指巴山以西的猿；「上升」是民初流行的行語，

舊時陝西集市上的「捏碼子」

指的是糕點，上升為「高」，「高」諧音「糕」；「雨後天」流行於清末，是綢緞業的行語，指青色，來自「雨後天青」諧音；還有「十具」，是流行於民初金銀業的行話，指真貨，十具合成「真」字；「三隻手」，流行於現代上海，市井行話，指的是扒手；還有如丁不勾、示不小、王不直、罪不非、吾不口、交不乂、皂不白、分不刀、馗不首、針不金，都是民國初年的行話，指的就是一、二、三、四、五、六、七、八、九、十，利用拆字法，「丁」去勾則為一，依此類推。

集市中的市語，除了訴諸語言，也包括了無聲的交流，如「捏碼子」，一般出現在較大宗的生意交易中，北方使用較多，特別盛行於陝甘晉蒙一帶。「捏碼子」指的是買賣雙方將右手置於草帽下，或袖口中、衣襟裡，用摸指頭的方法表示價格，主要是為了保密，不讓第三人得知雙方的議價。

廟會的「神」與「俗」

廟會是指在寺廟附近聚會，進行祭神、娛樂和購物等活動的大型民俗活動。廟會是一種社會風俗，也是集市貿易的形式之一。廟會的形成有著深刻的社會原因和歷史背景，其風俗則與佛教寺院和道教廟觀的宗教活動有著密切的關係，並伴隨著民間信仰活動而發展、完善和普及開來。廟會通常在寺廟的節日或規定的日期舉行，多設在廟內及其附近，流行於全中國各地。

廟會的歷史

廟會最初源於遠古時代的宗廟社祭與郊祭制度。為了求得祖先與神靈的保佑，先民們會在宮殿或房舍裡，利用供奉與祭祀的方式，與祖先、神靈交流。每逢祭祀之日，為了渲染氣氛，人們還會演出一些精彩的歌舞，即社戲，也稱廟會戲。廟會便由此發端。

與其他民俗一樣，廟會也是社會發展的產物，具體展現了不同時代的文化。秦代的廟會內容仍以祭祀祖先與神靈為主。西漢時，道教初步形成，廟會開始受到宗教信仰的影響，內容較為多元。漢代劉歆的筆記小說《西京雜記》記載了西漢長安城的雜史，寫到「漢制，宗廟八月飲酎，用九醞，太牢，皇帝侍祠」、「京師大水，祭山川以止雨，丞相御史二千石，禱祠如求雨法」，詳細描述了當時的祠廟祭祀習俗。東漢時期，佛教開始傳入中國，與逐漸成形的道教展開了激烈的競爭並相互影響。兩晉時期，社會動盪，政治黑暗，儒教衰落。飽經戰亂之苦的百姓以及政治上遭受壓制的名士，紛紛皈依佛教或道教。魏晉南北朝以後，統治者同樣信仰佛教，廣建寺廟，佛教寺院和道觀都日漸增多，立基於佛寺和道觀的廟會也逐漸興盛起來。

北魏時期，佛教盛行「行像」，這是一種把神佛塑像裝上彩車，在城鄉巡行的宗教儀式。諸如菩薩誕辰、佛像開光之類的盛會因此應運而生。商販為了供應遊人信徒，雲集百貨，擺攤設點，逐漸發展成為廟市。北魏孝文帝太和九年（四八五年）遷都洛陽後，每年釋迦牟尼誕辰都舉行佛像遊行大會，佛像出行前，洛陽城內各大寺院會將各寺佛像送至景明寺，沿途寶蓋幡幢，音樂百戲，諸般雜耍，熱鬧非凡。

唐宋時期，佛、道信仰均達到鼎盛，對整個社會和日常生活產生了空前影響。相繼出現了名目繁多的宗教活動，如聖誕慶典、壇醮齋戒、水陸道場等。宗教儀式也慢慢加入了娛樂內容，如舞蹈、戲劇等，吸引大批民眾前往觀賞。

到了明代，許多廟會的性質已經開始轉向市集，多數人是為了觀光遊玩或購買商品而去，真正進行祭祀或拜謁的人並不多。明末劉侗、于弈正在《帝京景物略》中記載：「城隍廟市，月朔、望，念五日，東弼教坊，西逮廟墀廡，列肆三里……市之日，族族行而觀者六，貿遷者三，謁乎廟者一。」提及北京附近廟會的情況。到廟會遊玩觀光、看熱鬧的人占了六成，購買商品的人占三成，真正祭祀或拜謁的人僅僅一成。

到了清代，宗教活動逐漸世俗化，廟會已演變成在佛寺道觀內或附近，集宗教、商貿、遊藝於一體的民間聚會。比如北京的妙峰山廟會，就是以香客祭祀妙峰山「天仙聖母碧霞元君」為中心，同時將豐富多彩的民間花會、戲曲表演、觀賞自然風光和熱鬧繁華的集市活動融為為一體。廠甸廟會則是老北京眾多廟會中，唯一不以廟為名的廟會，每年只在春節舉行，卻也是規模最大、京味最濃、最遐邇聞名和膾炙人口的廟會。

廟會的民俗

廟會是一種綜合性的民俗活動，關係到宗教信仰、商業民俗、文藝娛樂等諸多方面。廟會的規模有大有小。一般來說，凡是廟院寬大、廟外寬敞，位處四通八達、人口稠密之地的寺廟，廟會的輻射程度更廣，規模也較大。

廟會的主體活動大致有三項，一是廟裡的和尚、道士做「法事」、「道場」，即舉行祭祀神佛的儀式，有的地方還會紮出真人般的大小神偶，舉行遊行式祭典；二是善男信女們進香朝拜、許願求福；三是藉此機會舉辦文藝和商貿活動。四面八方趕來的信徒加上逛廟會看熱鬧的人，構成了廟會人山人海的熱鬧場面。

廟會的時間最初定在各種宗教節日，主要是佛、道兩教慶典時，後來逐漸發展為某些固定的日期。各地廟會舉辦的日期、時間長短，各不相同，有的是一年一度，有的一個月內就有數天，有日期固定的，也有不固定的。以清末民初的廟會為例，北京隆福寺是每月逢一、二、九、十，土地廟是逢三，白塔寺是逢五、六，護國寺則是逢七、八。還有正月初一開廟的東嶽廟和大鐘寺，一般開廟十天到十五天，財神廟正月初二開廟，白雲觀正月十七、十八開廟，蟠桃宮三月初三開廟等。現代舉辦廟會的時間，大多為春節、元宵節等傳統節日。

廟會風俗與佛教寺院和道教廟觀的宗教活動之間，關係相當密切，往往需要舉行祭神儀式，如前文所述的「行像」。除此之外，廟會活動還包括了諸如祈子活動、民間演出等民俗活動。祈子是一種遠古的巫術，古人對子孫繁衍十分重視，祈子活動便隨著各種廟會應運而生。河南淮陽的人祖廟主要祭祀女媧和太昊伏羲，可說是最具原始宗教和巫術意味的廟會。在傳說中，人祖廟的廟址就是埋葬太昊伏羲頭骨的地方，也被稱為太昊陵。每年農曆二月二日至三月二日，這裡都會舉辦為期一個月的人祖廟會，主要活動就是祭拜人祖和「拴娃娃」。已婚卻未生育的婦女會在廟會期間摸一摸象徵生育之門的「子孫窯」，再買回當地的泥玩具「泥泥狗」，以求早日得子。這些泥玩具用黃土捏成，造型各異，有「人面猴」，還有雙頭虎、牛、豬、馬、羊等。婦女除了用它們供祭人祖，還可拿回家給孩子當玩具。除此之外，天津的媽祖廟會、山西平遙的雙林寺廟會、北京的妙峰山廟會和白雲觀廟會等，都是以祈子活動著名的廟會。

廟會做為民間文化娛樂活動的一部分，許多民間藝人都會在廟會上表演。如戲曲、相聲、雙簧、秧歌、高蹺等。中國幅員遼闊，南北各地的風俗大不相同，但是每逢廟會，戲曲表演的習俗倒是相當普遍。明清時期，無論南北，廟會幾乎都少不了戲曲表演這一項。以江南為例，立春前一日有迎春戲，正月十五有上元戲，清明節有踏青戲，四月初八有浴佛戲，五月初五有龍舟戲，七月初七有王母娘娘廟會戲，七月十五有中元戲，八月十五有中秋戲……這些戲曲演出，有的三五天，有的七八天不等。小城鎮一般只演一臺戲，大城市廟會則有兩三臺，甚至數臺競演。

一年到頭，各種名目的廟會演出，也把諸神「吵」得目不暇接，耳不勝聽。廟會表演名為娛神，實為娛人，除了宗教性的信仰習俗意義，還有經濟意義。在這種人雜八方、商賈雲集的大型聚會中，廟會表演其實發揮了廣告宣傳的作用，能吸引更多人前來廟會娛樂、消費，進一步促進商品交易的繁榮。而商品貿易無疑是廟會的又一重要活動。廟會，與其說是人們為了信仰與宗教而聚集的活動場所，不如說是熱鬧又繁榮的平民百姓娛樂場所和商品交易大會。

這樣的特性，也為逛廟會的人帶來了很多方便。在廟會上做生意的主要有三種人，一是在廟裡或寺廟附近租房經商的坐商，他們開店坐賣，常年售貨，不管是否有廟會活動，每天都會開門營業；另一種是外地行商，以趕廟會為主要經營方式，會在廟會舉行前便抵達，在路邊或寺廟附近搭棚擺攤，運來的貨物很可能存放在寺廟中，並於廟會期間銷售；還有一種是流動小販，有的挑擔，有的推車，或背包挎籃，做的多是風味小吃、兒童玩具、各類雜貨、民間工藝品等小買賣。有些行商和小販甚至專門跟著廟會走，哪兒有廟會，他們就在哪兒做生意。廟會活動既為老百姓的娛樂、購物提供了方便，還活躍了市場，更豐富了人們的日常生活，是極具特色的民間商業習俗之一。

如今的廟會已摒除其落後的一面，只保留部分傳統內容，集市貿易則更加興旺，傳統的民間文藝節目和民間風味小吃尤其豐富多彩，特別是旅遊紀念品的攤子，光顧客人最多。這種新式廟會被賦予了新意，也大大活躍和豐富了大眾的文化生活。

參考文獻

王孝通，《中國商業史》，北京：中國文史出版社，二〇一五年。
吳慧，《中國古代商業》，北京：中國國際廣播出版社，二〇一〇年。
吳慧，《中國商業通史》第五卷，北京：中國財政經濟出版社，二〇〇八年。
張明來、張含夢，《中國古代商業文化史》，濟南：山東大學出版社，二〇一五年。
宋長琨，《儒商文化概論》，北京：高等教育出版社，二〇一〇年。
周新國主編，《儒學與儒商新論》，北京：社會科學文獻出版社，二〇一〇年。
陳阿興、徐德雲主編，《中國商幫》，上海：上海財經大學出版社，二〇一五年。
寧一，《中國商道：晉商徽商浙商貨通天下商經》，北京：地震出版社，二〇〇六年。
穆雯瑛主編，《晉商史料研究》，太原：山西人民出版社，二〇〇一年。
王靜、許小牙，《掮客、行商、錢莊：中國民間商貿習俗》，成都：四川人民出版社，一九九三年。
阮榮華，《市井習俗》，武漢：湖北教育出版社，二〇〇一年。
商聖，《經商智源：商道》，北京：民主與建設出版社，二〇〇二年。
楊海軍，《中國古代商業廣告史》，鄭州：河南大學出版社，二〇〇五年。

曲彥斌，《中國招幌與招徠市聲：傳統廣告藝術史略》，瀋陽：遼寧人民出版社，二〇〇〇年。
吳少珉、周群華，〈試論我國古代歷史上的經紀人及其活動〉，《洛陽大學學報》，一九九六年第一期：頁五九～六五。
施鈺，《上海商業店招習俗流變》，上海：上海社會科學院，二〇一三年。
林立平，〈唐宋時期商人社會地位的演變〉，《歷史研究》，一九八九年第一期：頁一二九～一四四。
尹德洪，〈從「行商」到「坐賈」：基於商業集群視角的分析〉，《商業研究》，二〇一二年第十期：頁四〇～四四。
馬美，〈古代商業廣告瑣談〉，《尋根》，二〇〇五年第五期：頁八五～九一。
孫鳳霞，〈簡析「商人」的產生及其意義在先秦文獻中的變遷〉，《大眾文藝（理論）》，二〇〇九年第八期：頁一一四。
司馬雲傑，〈中國古代商業文化與商業精神〉，《商業文化》，二〇一五年第十三期：頁二〇～二三。
姜明明，〈探析傳統誠信的歷史演變〉，《學理論》，二〇一五年第五期：頁三八～三九。
葛榮晉，〈儒學與儒商〉，《河北大學學報（哲學社會科學版）》，二〇〇四年第五期：頁一〇～一五。

HISTORY 048

商從商朝來：透視商賈文化三千年

作　者—傅奕群
主　編—邱憶伶
責任編輯—陳詠瑜
行銷企畫—陳毓雯
封面設計—李莉君
內頁設計—張靜怡

編輯總監—蘇清霖
董 事 長—趙政岷
出 版 者—時報文化出版企業股份有限公司
一〇八〇一九臺北市和平西路三段二四〇號三樓
發行專線—（〇二）二三〇六—六八四二
讀者服務專線—〇八〇〇—二三一—七〇五
（〇二）二三〇四—七一〇三
讀者服務傳真—（〇二）二三〇四—六八五八
郵撥—一九三四四七二四時報文化出版公司
信箱—一〇八九九臺北華江橋郵局第九九號信箱

時報悅讀網—http://www.readingtimes.com.tw
電子郵件信箱—newstudy@readingtimes.com.tw
時報出版愛讀者粉絲團—https://www.facebook.com/readingtimes.2
法律顧問—理律法律事務所　陳長文律師、李念祖律師
印　刷—詠豐印刷有限公司
初版一刷—二〇二〇年五月十五日
定　價—新臺幣四五〇元

時報文化出版公司成立於一九七五年，
一九九九年股票上櫃公開發行，二〇〇八年脫離中時集團非屬旺中，
以「尊重智慧與創意的文化事業」為信念。

商從商朝來：透視商賈文化三千年／傅奕群作．
-- 初版．-- 臺北市：時報文化，2020.05
288 面；17×23 公分．--（History 系列；48）
ISBN 978-957-13-8198-5（平裝）

1. 商業史　2. 中國

490.9　　109005720

ISBN 978-957-13-8198-5
Printed in Taiwan